JN001745

実データで体験する

ビッグデータ活用
マーケティング・サイエンス

―はじめてでもわかる「R」によるデータ分析―

横山真一郎
大神田　博　共著
横山　真弘

コ ロ ナ 社

まえがき

マーケティングは，「製品および価値の創造と交換を通じて，そのニーズや欲求を満たすプロセス」といわれている。価値の創造はもともと物々交換から始まったわけである。人が持つ価値観はそれぞれ異なる。その消費者の価値を満たすために，希望の商品を消費者に届ける「業（ぎょう）」が必要になる。マーケティングを必要とするのはモノを生産する製造業だけではない。現在では農水産物を生産する1次産業や流通，金融，不動産などの3次産業から非営利組織においても不可欠となっている。生産者側と消費者側を結び付ける活動における産業を流通業という。

1970年代以降多くの小売業が導入した販売時点情報管理（POS：Point Of Sales）システムが収集するPOSデータはマーケティング・リサーチの世界を大きく変えた。本書では小売業のマーケティング活動をイメージした内容構成になっている。

円滑な流通を実施するために，企業は商品および売り場構成の改善計画や商品計画さらにチラシ広告などを検討する。そのときに行われる活動では従来のPOSデータの分析から顧客ID付きPOSデータによる分析が行われるようになり，POS以外のデータも容易に得られるようになった。そのため，マーケティング活動がビッグデータに基づく活動に変容してきた。また，情報技術の発達により分析も容易になってきた。そのため，このような時代において行われるマーケティング活動では，逐次データから状況を判断していかなければならない。

さらに，インターネットなどの普及により情報が容易に得られるようになったことから，消費者はより自分に合った商品の獲得が容易になった。そして現在はAI（Artificial Intelligence）やIoT（Internet of Things）の進歩もありマーケティング3.0/4.0の時代といわれており，いままでの大量消費の時代から個人の価値の創造や自己実現が求められている。

本書は，現代のマーケティングとはどのような活動なのか，またその活動に必要で有効とされている分析にはどのような方法があるのかについて，基本的な事項から「R」を用いた詳細な分析まで，実際のビッグデータを用いて学習できるようになっている。「R」は，最近多くの方に使われている統計解析向きのオープンソース / フリーソフトウェアである。

本書では，活用例に重点を置き，手法の解説は最小限にしている。活用に重きを置く読者は, Rをインストール後に2章から読み始めてもよい。各章では,「例」でコマンドの説明を行い,「例題」で実際のデータを用いた活用例を示している。さらに，ビッグデータに対しての活用方法を演習課題で学習できるようになっている。

学習項目は，目次に示すとおりである。これらについて特に初学者でも理解できる工夫をした。また，ビッグデータを用いてどのようなことができるのかをわかりやすく解説した。具体的には，小売業の実社会ですでに活用されている事例部分と，ビッグデータを保有する立場として，本書に記載するデータ活用や分析方法の導入の可能性を論じている部分とがある。現代のマーケティング活動における問題にどのように応えていくのか。そのための考え方や解析手法にはどのようなものがあるのか。これらについて，本書で学習してほしい。

演習課題や一部の例題で用いるCSVファイルは, 本書書籍詳細ページ（https://www.coronasha.co.jp/np/isbn/9784339029086/）に掲載している。

なお，Rは多くの貢献者による共同プロジェクトで開発され，世界中のユーザによりその機能が日々アップデートされている。

2020年4月

横山真一郎

目　　　次

1. マーケティングにおけるデータ解析の基礎

2. 商圏と売上予測

3. 店頭マーケティング（セールスプロモーション）

4. マーチャンダイジング

5. Web マーケティング

1. マーケティングにおけるデータ解析の基礎

［**ポイント**］　企業は，自社の商品が大量かつ効率的に売れるように活動している。そのために市場調査を行い，商品を企画して製造し，それを輸送や保管活動を通じて販売する。もちろん宣伝活動も重要である。これらの活動全般を**マーケティング**ということができる。

フィリップ・コトラーは，マーケティングはほかのいかなるビジネス機能にもまして顧客とかかわる部分が大きいといっている。そして顧客の価値と満足を理解し，創造し，伝え，提供することこそが現代のマーケティングの理論と実践の本質であると述べている[(1)†]。

ここで重要なのは**価値の創造**である。企業は顧客にとっての価値を究明することが必要になる。しかし，価値は人それぞれ異なり，生活スタイルや文化によっても形成されると考えられる。企業だけでなく，われわれ自身もその真の姿を知ることはできない。そのため，顧客の購買行動や商品の売れ筋などからその姿を推測するしかない。しかし，顧客の考え方や要望は時代や時間ごとに変化する。したがって，企業はつねにその変化をとらえて商品開発や販売方法を検討している。この関係をモデル化するためには，統計で用いられている母集団と標本の考え方や，平均や分散の計算やヒストグラムなど記述統計のための手法が使われる。

1.1　マーケティングの変遷

マーケティングには二つの目的がある。よくいわれるように，一つ目は，顧客や社会のニーズにあった商品・サービスを提供し，顧客満足を実現すること。つまり「市場適合」である。二つ目は，あえて市場とのギャップを創り出し市

† 肩付き数字は，巻末の引用・参考文献の番号を表す。

場を牽(けん)引するという革新的な「市場創造」である。

マーケティングは時代とともに変化しており，マーケティング・コンセプトの変遷は，**図 1.1** に示すように，「生産志向」⇒「販売志向」⇒「顧客志向」⇒「社会志向」へと移行し，現在は「顧客志向」の考え方が中心で，市場や購買者という買い手の立場に立って，買い手が必要とするものを提供するマーケット・インの視点に立っている。

生産志向	生産優先の考え方（いかに生産力を向上させるか）
⇩	
販売志向	販売優先の考え方（生産された商品をいかに販売するか）
⇩	
顧客志向	顧客優先の考え方（顧客ニーズに適合した商品をいかに生産・提供するか） *マーケット・イン（現在の中心的な考え方）*
⇩	
社会志向	社会全体の利益優先の考え方（長期的な視点に立って，社会や人間の福祉にいかに貢献するか）

図 1.1　マーケティング・コンセプトの変遷

また，マーケティングは，全米マーケティング協会（2007 年）[2]によれば「Marketing is the activity, set of institutions, and processes for creating, communicating, delivering, and exchanging offerings that have value for customers, clients, partners, and society at large.（顧客，得意先，パートナー，社会一般にとって価値のある提供物を創造，伝達，提供，交換するための活動であり，一連の制度でありプロセスである。）」と定義されている。また，フィリップ・コトラーは，例えば『マーケティング原理（第 9 版）』[1]の中で，「個人やグループが製品や価値を創り出し，それを他者と交換することによって，必要としているものや欲しいものを獲得するという社会的かつ経済的なプロセスである」と述べている。双方とも「交換」や「価値」，「創出や創造」といった言葉がポイントである。

ここでマーケティング活動を改めて考えてみると**図 1.2** のようにいくつかの変遷がある。1950 年代は，日本ではコストと価格を最低に抑え，大量に製品を製造し，販売していた。売り手は，すべての買い手に対して一つの製品の大量生産，大量流通，大量プロモーションを行う時代であった。それが現在は，ものやサービスの機能・性能よりも製品のビジョンを重視した方針を立て，顧客自身がもつ「本来的な自我を実現しよう（自己実現）」とするような「顧客の欲求に応えるように努力する時代」になってきた。

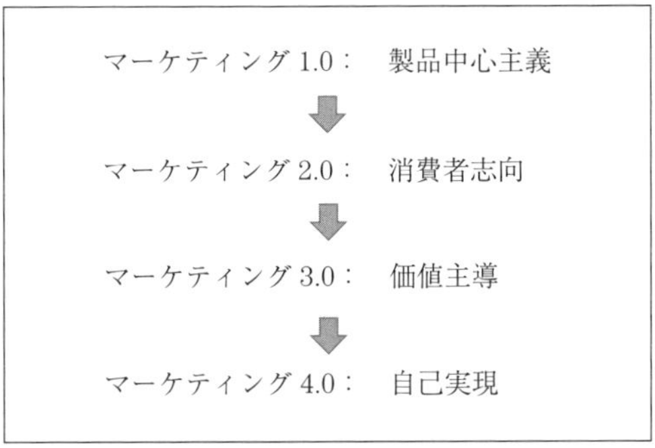

マーケティング 1.0：　製品中心主義
↓
マーケティング 2.0：　消費者志向
↓
マーケティング 3.0：　価値主導
↓
マーケティング 4.0：　自己実現

図 1.2　マーケティングの変遷

このマーケティングあるいはその活動を理解するためには，流通業における小売業をイメージすればわかりやすいだろう。小売業における**商品化計画**（**MD**：MerchanDising）および店頭マーケティング（プロモーションほか）施策において，従来は **POS**（Point Of Sales）データを活用した検討が中心であった。それが近年は，顧客の購買履歴などの利用が可能となった。そのデータのことを**顧客 ID 付き POS データ**という。そうしたデータが取得できるようになったことにより，店舗開発（商圏分析）から MD あるいは店頭マーケティングなどに大きな変化が現れている。

POS データからは，「何がどれだけ売れるのか？」，「どの商品とどの商品の売れ方が似ているのか？」を分析して，販売計画を検討することがせいぜいであった。それ以上の情報は顧客へのアンケートなどから取得することになる。それが顧客 ID 付き POS データから顧客の購買履歴や居住エリアがわかることにより，商圏分析や詳細な MD が可能となっている。

1.2　マーケティングにおける統計的考え方

作ったすべての商品が何でも売れるようであれば問題はないが，実際には人それぞれ好みが違い，経済的状況も異なるため，購買される商品も量もまちまちである。したがって，企業は実際の購買状況やアンケート調査などから顧客の購買行動を予測して売上高を推測することになる。統計分析では，われわれが知りたいと思っている対象のことを**母集団**と呼び，母集団から無作為に抽出されたものを**標本**と呼ぶ。マーケティングにおいては，顧客全体の価値観あるいは購買意思を母集団と考えることができる。一方，企業が知る顧客ごとの購買履歴が標本である。われわれが調べることのできるのはこの標本であり，母集団全体を直接調べることはできない。しかし，われわれの結論の対象は母集団である。つまり，どのような商品が売れるのかあるいはどれだけ売れるのかなどについて知りたいと思ったとき，その対象である顧客の購買データを収集して分析することによって母集団に対してなんらかの結論をくだしている。

結論をくだすためには観測データの分布を特徴づける記述的な数量が必要である。その代表的なものの一つが平均値や標準偏差である。**平均値**はデータの分布の中心的な傾向を示すものであり，**標準偏差**はデータの分布のバラツキ具合を示すものである。また，マーケティングに関するデータの分布は，左右対称の形をとるとは限らない。

1.3　R のインストールと分析の準備

効果的なマーケティング活動のためにデータ解析が必要不可欠である。ここでは，平均値をはじめいろいろな統計量とその求め方について学ぶ。最近，さまざまなデータの活用ができる環境が整ってきた。それに伴い統計データ分析が企業の経営活動にいままで以上に使われるようになった。統計計算にはSPSSをはじめ多くのソフトウェアが利用可能である。またExcelにも多くの計算機能が整っている。その中で最近注目を集めているのが「**R**」というオープンソース / フリーソフトウェア[3]である。これからは，マーケティング戦略を考えるために，このような統計解析向けのソフトウェアを使いこなすことが必要になってくる。

1.3.1 Rのインストール

まず，ソフトウェアが使える環境を整えることから始める。そのためにRのインストールを行う。ここではWindows10の場合で説明する。以下にWindowsのためのRのダウンロードからインストールまでの手順を紹介する。これは2018.12.20現在のものである。

〔1〕 Rの実行ファイルをダウンロード　まず，Webブラウザのアドレス欄に下記のURL[3]を入力してみよう。

https://cran.r-project.org

入力すると**図1.3**のような画面が表示される。

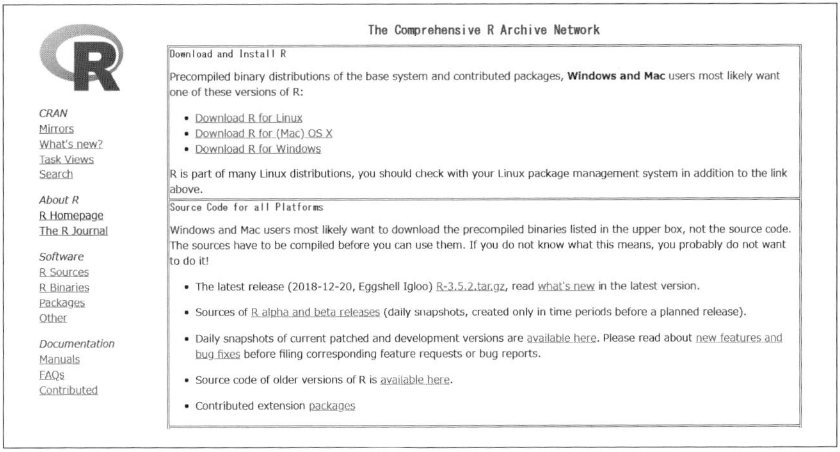

The Comprehensive R Archive Network
CRAN
Mirrors
What's new?
Task Views
Search
About R
R Homepage
The R Journal
Software
R Sources
R Binaries
Packages
Other
Documentation
Manuals
FAQs
Contributed
Download and Install R
Precompiled binary distributions of the base system and contributed packages, Windows and Mac users most likely want one of these versions of R:
• Download R for Linux
• Download R for (Mac) OS X
• Download R for Windows
R is part of many Linux distributions, you should check with your Linux package management system in addition to the link above.
Source Code for all Platforms
Windows and Mac users most likely want to download the precompiled binaries listed in the upper box, not the source code. The sources have to be compiled before you can use them. If you do not know what this means, you probably do not want to do it!
• The latest release (2018-12-20, Eggshell Igloo) R-3.5.2.tar.gz, read what's new in the latest version.
• Sources of R alpha and beta releases (daily snapshots, created only in time periods before a planned release).
• Daily snapshots of current patched and development versions are available here. Please read about new features and bug fixes before filing corresponding feature requests or bug reports.
• Source code of older versions of R is available here.
• Contributed extension packages

図1.3　「https://cran.r-project.org」の画面

つぎに，この画面の中の「Download R for Windows」部分をクリックすると，**図 1.4** のような画面が表示される。

R for Windows

Subdirectories:

base	Binaries for base distribution. This is what you want to **install R for the first time**.
contrib	Binaries of contributed CRAN packages (for R >= 2.13.x; managed by Uwe Ligges). There is also information on third party software available for CRAN Windows services and corresponding environment and make variables.
old contrib	Binaries of contributed CRAN packages for outdated versions of R (for R < 2.13.x; managed by Uwe Ligges).
Rtools	Tools to build R and R packages. This is what you want to build your own packages on Windows, or to build R itself.

Please do not submit binaries to CRAN. Package developers might want to contact Uwe Ligges directly in case of questions / suggestions related to Windows binaries.

You may also want to read the R FAQ and R for Windows FAQ.

Note: CRAN does some checks on these binaries for viruses, but cannot give guarantees. Use the normal precautions with downloaded executables.

図 1.4　「Download R for Windows」クリック後の画面

さらに，「install R for the first time」をクリックすると，最新の R のバージョンが表示される。それが「R-3.5.2 for Windows」（**図 1.5**）であったので（2018.12.20 現在），「Download R 3.5.2 for Windows」をクリックしてダウンロードする。

R-3.5.2 for Windows (32/64 bit)

Download R 3.5.2 for Windows (79 megabytes, 32/64 bit)

Installation and other instructions
New features in this version

If you want to double-check that the package you have downloaded matches the package distributed by CRAN, you can compare the md5sum of the .exe to the fingerprint on the master server. You will need a version of md5sum for windows: both graphical and command line versions are available.

Frequently asked questions

- Does R run under my version of Windows?
- How do I update packages in my previous version of R?
- Should I run 32-bit or 64-bit R?

Please see the R FAQ for general information about R and the R Windows FAQ for Windows-specific information.

Other builds

- Patches to this release are incorporated in the r-patched snapshot build.
- A build of the development version (which will eventually become the next major release of R) is available in the r-devel snapshot build.
- Previous releases

Note to webmasters: A stable link which will redirect to the current Windows binary release is
<CRAN MIRROR>/bin/windows/base/release.htm.

Last change: 2018-12-20

図 1.5　「R-3.5.2 for Windows」画面

〔**2**〕 **Rのインストール**　　ダウンロード後，Rのアイコンを右クリックしてから「管理者として実行」により実行する。デスクトップ上にRのアイコンを作成する方法は後述する。

各種設定に対して，基本的には「次へ（N)」をクリックすれば問題ない。

途中，インストールする際の表示言語を聞かれるので，日本語を選択して「OK」をクリックする（**図 1.6**）。

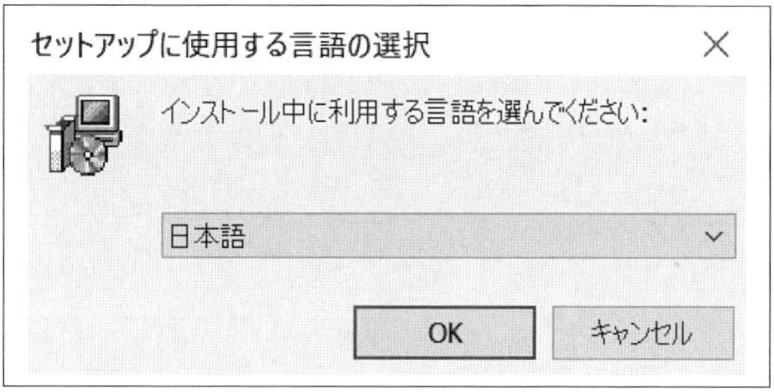

図 1.6　Rで用いる言語選択

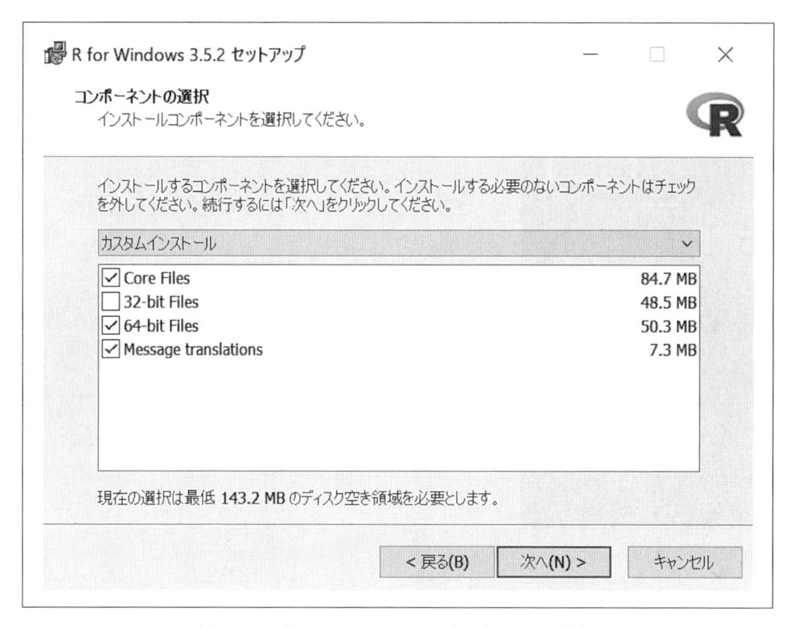

図 1.7　インストールコンポーネントの選択

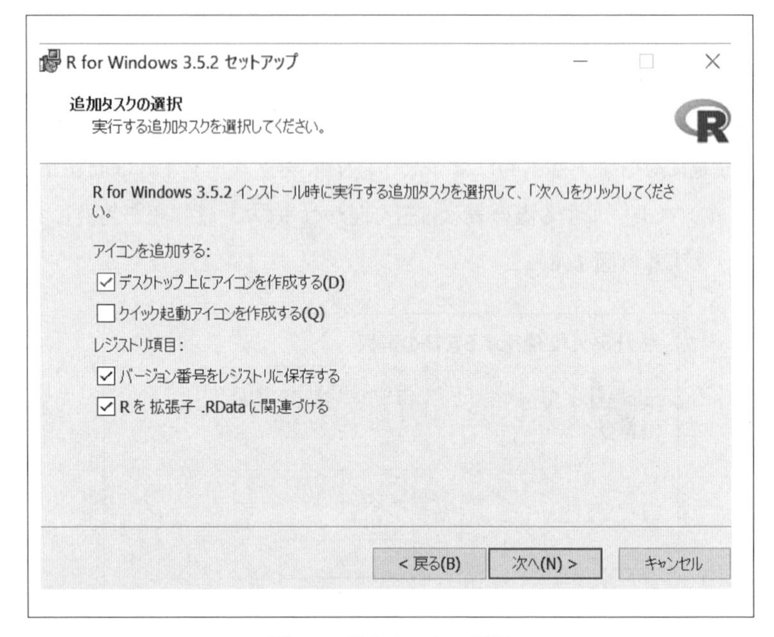

図 1.8　追加タスクの選択

図 1.9　セットアップ完了画面と確認

続いて，コンポーネントの選択画面が表示される。もし利用する Windows の環境が 64 bit 対応の場合なら，「32-bit Files」のチェックを外して，ファイル容量を節約してもよい。利用する PC が 32 bit の場合は，「32-bit Files」を選択する。また，日本語訳をつけるなら「Message translations」にチェックを入れる。チェックを付けたら「次へ（N)」をクリックする（**図 1.7**)。

さらに,「追加タスクの選択」で, アイコンの追加などを聞かれる。デスクトップ上に R アイコンを作成するために，「デスクトップ上にアイコンを作成する(D)」を選択する（**図 1.8**)。

インストールを続けて**図 1.9** の画面が表示されたら，インストールは完了となる。

1.3.2　作業フォルダの設定

作業フォルダとは R 上でファイルの読み込みや出力する際に使うフォルダのことを指す。デフォルトでは，ユーザのドキュメントフォルダが作業フォルダとして設定されている。

ここでは，デスクトップに「R 作業用フォルダ」というフォルダを作成し，作業フォルダとして設定する方法を説明する。まず, デスクトップ上で右クリックし,「新規作成（X)」の中から「フォルダー（F)」をクリックする（**図 1.10**)。

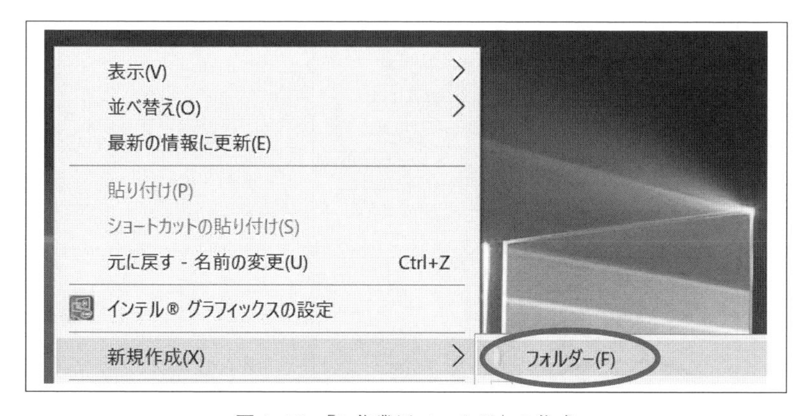

図 1.10　「R 作業用フォルダ」の作成

図 1.11　「R 作業用フォルダ」の作成

フォルダ名を「R 作業用フォルダ」と入力する（**図 1.11**）。

フォルダが作成されたら，「R 作業用フォルダ」を使用するためにショートカットを作成する。

そのためにデスクトップの R アイコン上で右クリックし，「プロパティ（R)」をクリックする（**図 1.12**）。

図 1.13 が表示されたら「ショートカット」タブをクリックする。

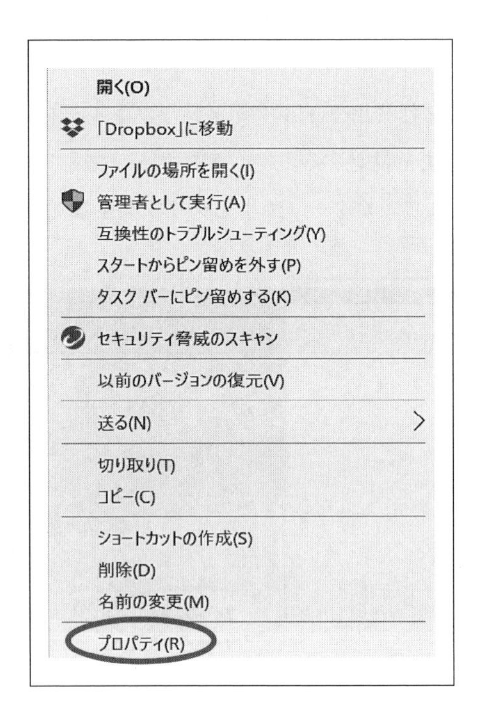

図 1.12　プロパティの選択

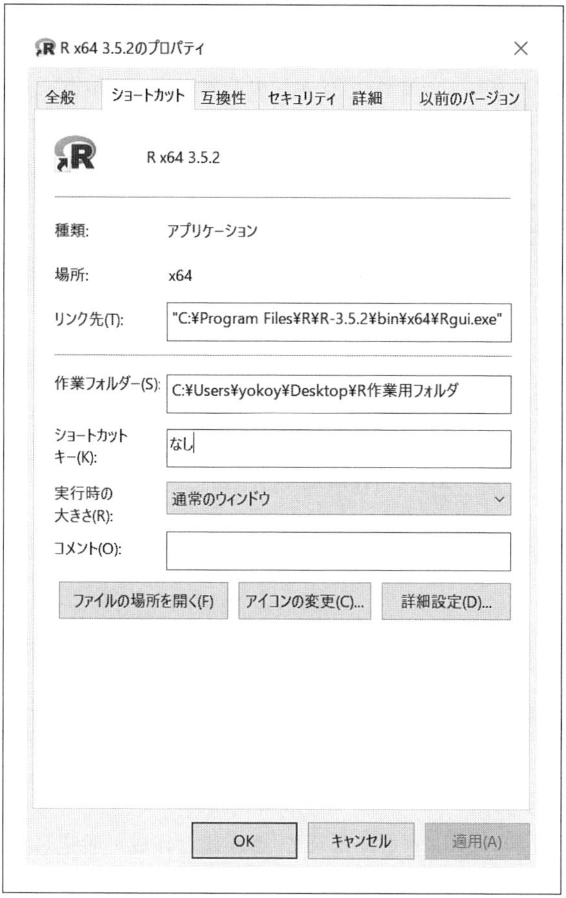

図 1.13　作業フォルダの設定

作業フォルダに「c:¥Users¥*ユーザ名*¥Desktop¥R 作業用フォルダ」と入力し，「OK」をクリックする。ユーザ名は対象の PC にログインしているアカウント名を指す。

また，ショートカットを作成せずに R を起動してから

「ファイル→ディレクトリの変更

→デスクトップ上の R 作業用フォルダを指定」

としてもよい。

1.3.3　R の起動と設定確認

R がインストールできたら，実際に起動させてみよう。デスクトップ上の R アイコンをダブルクリックすると R が起動して**図 1.14** が表示される。

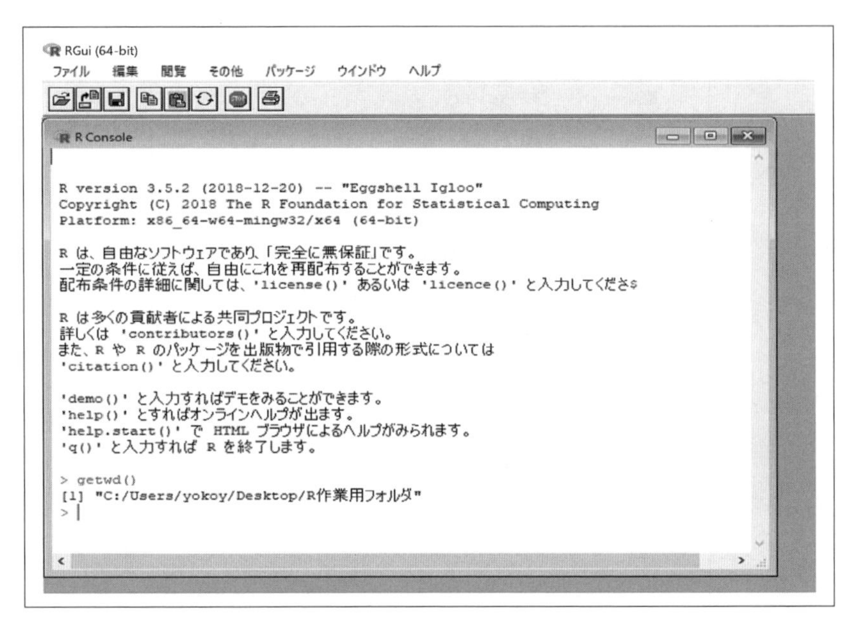

図 1.14　R の起動

下記のコマンド「getwd()」を実行して，さきほど作成・設定したR作業用フォルダのパスが表示されることを確認してみよう。

```
>getwd()
[1] "C:/Users/yokoy/Desktop/R 作業用フォルダ "
```

これでデスクトップ上の「R 作業用フォルダ」へのパスを確認できた。

1.4　統計解析の基礎

1.4.1　平均値などいくつかの基本統計量

データを用いたマーケティング活動に関しては 2 章以降で詳しく学習する。

ここでは，売上額や購買情報などを扱う場合の基本的な統計量や統計的手法について例題を用いて学習する。

例えば，顧客は，購入を検討している商品の価格がどのような範囲にあるのかが気になるだろう。そうした疑問に対して，「一般的に売れている商品の価格帯はどのあたりですか？」などと販売店の店員が質問を受けることになるかもしれない。そのために企業はどのような情報を顧客に示してあげればよいだろうか。

また顧客自身においても，例えば一般的な年収に比べて自身の年収がどのあたりに位置しているのか気になる人がいるかもしれない。個人の経済力について他の人と比較するためには，各個人から得られたデータから母集団（この場合は，一般の消費者全体の年収の状況）の様子を推測することを考えてみる。そのためにも平均値と分散は重要な統計量である。

平均値は観測されたデータの分布の中心的な傾向を示すものである。中心的傾向には考え方がいくつかある。一番よく使われるのが算術平均値である。そのほかによく使われるものに，中央値や最頻値がある。また，データの分布の傾向を示すものとして，分散やヒズミ，トガリなどもある。

〔**1**〕 **算術平均値**　分布の重心であり，つぎのように，データを合計した値をその総数で割って求める。データの分布がある値を境にして左右に同じようにばらついている場合に適している。

例えば，店舗の来店者数を考えたとき，その来店者数は毎日同じではない。それでは 1 日にどれだけの来店者が見込めるだろうか。このとき，毎日の来店者数を観測して，その結果から判断することになる。いま，来店者数を X で表したとき，算術平均（$\overline{X}$）はつぎのように計算される。ここで，n は観測数（この場合は観測日数）である。

$$\overline{X} = \frac{1}{n}\sum_{i=1}^{n} X_i$$

ここで，X_i は i 番目のデータであることを表している。また $\sum_{i=1}^{n} X_i$ は 1 番目のデータ X_1 から n 番目のデータ X_n までを足すことを意味している。

〔**2**〕 **中　央　値**　　観測した来店者数は極端に少ない日や多い日がある。また,データが左右対称に均等にばらつくとは限らない。このような場合には,データの中心を,算術平均値ではなく観測数全体を値の大きさで並べた際の中央の位置と考えるのが妥当である。そこで用いられるのが中央値である。この例の場合では,来店者数のデータを少ない日から多い日まで並べ直したとき,データ数が奇数であれば中央のデータをそのまま中央値とし,偶数であれば中央の二つの値の中点を中央値と定義する。中央値は**メジアン**(median)ともいう。すべてのデータの値を計算結果に含める算術平均と異なり,データの大きさの順序さえわかっていれば,異常な大きさ(小ささ)の値の存在を気にしないで済むことが特徴である。

〔**3**〕 **最　頻　値**　　データの中心を,同じ値を取るデータの数が多いものと考えることもできる。例えば5年間で,1日に100人の来店者があった日が一番多ければ,その100人という数字を平均値として考えることは不思議ではない。そこでデータにおいて最大の度数(出現回数)をもつデータを最頻値と定義する。最頻値は,**モード**(mode)ともいう。なお,度数がすべて1のとき最頻値はない。また,複数のデータが同じ最大の度数(2以上)をもつ場合にはそれぞれが最頻値となる。

〔**4**〕 **分散と標準偏差**　　**分散**はデータのバラツキを表す量である。下記に示すように分散の定義は変動(偏差平方和)をデータの総数で割った形になる。また,**標準偏差**はその分散の平方根である。したがって,標準偏差もデータのバラツキを表す量である。

$$\text{分散}:\frac{1}{n}\sum_{i=1}^{n}(X_i-\overline{X})^2,\ \text{標準偏差}=\sqrt{\text{分散}}$$

つぎのように,変動(偏差平方和)を自由度である$n-1$で割った形になるのが**不偏分散**である。これはデータのバラツキを表すと同時に,そのデータが得られた母集団のバラツキの推定値でもある。用いたデータが母集団のすべてであるときは前述の分散の計算方法でよいが,母集団の一部のデータを用いて母集団のバラツキの推定を行う場合には,この不偏分散を用いる。なお,nが大きくなると両者の値は変わらなくなる。

$$不偏分散：\frac{1}{n-1}\sum_{i=1}^{n}(X_i-\overline{X})^2$$

標本標準偏差という言葉も良く出てくる。これは母集団の分布のバラツキ度合いを推定するものであり，不偏分散の平方根である。

〔**5**〕 **標本ヒズミと標本トガリ**　**ヒズミ**（α_3）は，分布の非対称の度合いを表す量である。**トガリ**（α_4）は，分布の尖（とが）り度合いを表す量である。標本からそのヒズミとトガリの度合いを推定するために用いられるのが，標本ヒズミと標本トガリである。それぞれ計算式はつぎのように定義される。標本ヒズミの値が正（負）でその絶対値が大きいほど，分布が右（左）に裾（すそ）が長いことを示す。一方，標本トガリは，値が大きいほど，中心が高い分布であることになる。なお，正規分布のときは $\alpha_3=0$，$\alpha_4=3$ である。

$$標本ヒズミ：\alpha_3=\frac{m_3}{m_2^{3/2}}$$

$$標本トガリ：\alpha_4=\frac{m_4}{m_2^{2}}$$

ここで，m_r は平均値の周りの r 次の積率のことであり，つぎのように定義される。

$$m_r=\frac{1}{n}\sum_{i=1}^{n}(X_i-\overline{X})^r$$

1.4.2 ヒストグラム

平均値や分散などの特性値が，どのような特徴をもっているのかを図として見える形で示したのが**ヒストグラム**である。ヒストグラムを作成するためにはまず度数分布表を作成しなければならない。**度数分布表**とは，クラス（値を区切った区間）ごとの**度数**（クラスに含まれるデータの数）をまとめた表である。なお，標本の大きさ（データの数）は少なくとも30～50ぐらいは必要である。また適切なクラスの数は，おおよそデータの数の大きさの平方根で求められる。つまり，データの数が30～50であれば，適切なクラスの数は5～7となり，分布の形がわかるようになる作成方法を簡単に説明する。

① データを大きさの順（昇順）に並べる。

② クラスの数を決める（データの数の平方根あたりの整数）。

③ 各クラスの度数を調べる。

④ 各度数から棒グラフを描く（ヒストグラム）。

多くは平均値を中心に左右対称に分布するが，中には右側に裾が伸びたり，その逆だったりと，左右対称にならないことがある。つまり，分布がひずんでしまう場合がある。また，分布が二山になったりもする。そのような分布の形状からデータの特徴を知る必要がある。

1.4.3　母集団の比較

マーケティングに限らず，意思決定を行うためには母集団を比較することは必要なことである。外国製の商品と国産では価格が異なっていることや，店舗の売上額を前年度と今年度で比較することなどが行われる。そのとき，なにをどのように比較するのであろうか。通常は平均値の比較が行われる。つまり**平均値の差の検定**と呼ばれる分析であり，例題 1.4 で述べる。

1.5　R による分析

1.5.1　R 言語の説明と使用例

R では，オブジェクト型言語である **R 言語**が用いられる。オブジェクトは対象という意味である。R 上でのオブジェクトは関数オブジェクトとデータオブジェクトに分けられる。**関数オブジェクト**とは命令を実行するためのプログラムセットのことである。一方の**データオブジェクト**は，解析に用いるデータを示している。基本的には以下の形式で表される[4]。

基本形

オブジェクト名＜－関数（引数）

理解するために，つぎの命令をRで実行してみよう。

・データ　1，2，3，4，5，6をxとし，xを表示する。

・そのxを二乗し，それらの値の平均値を計算する。

・さらに四捨五入し，小数点以下1桁で表示する。

実行例を**図 1.15** に示す。

```
> c(1,2,3,4,5,6)   #各要素(1,2,3,4,5,6),長さ6のベクトルを表示
[1] 1 2 3 4 5 6
> x<-c(1,2,3,4,5,6)   #上記のベクトルをxに代入
> x    # xを表示
[1] 1 2 3 4 5 6
> x^2    # xの各要素を二乗したものを表示
[1]  1  4  9 16 25 36
> mean(x^2)   # xの二乗の平均値を表示
[1] 15.16667
> round(mean(x^2),1)    # xの二乗の平均値を小数点以下1桁までを表示
[1] 15.2
```

図 1.15　実行例

［**解説**］　この命令は，1から6のデータを結合して必要な計算をするものである。また結合することを示す「combine」の頭文字をとって

c（1，2，3，4，5，6）

で表す。各数字は半角の「,」で区切る。その他の命令や関数について簡単触れておく。

> x^2：xの値を二乗するための式

> mean(x^2)：xの各要素の二乗の平均値を求めるための関数

> round(mean(x^2),1): xの二乗の平均値をまるめて，小数点以下1桁で表示させる命令

ここで“#”はコメントを示しており，#以下の内容は処理に反映されない。

1.5.2　データの読み込み—ファイル形式の変換—

つぎに解析に用いるデータを指定して読み込む。データの読み込みをするた

めには，Excel ファイル（.xlsx）のままではできない。そこで，CSV ファイル（.csv），または，テキストファイル（.txt）にする必要がある。ここでは **CSV ファイル（.csv）** について説明する。

〔**1**〕 **ファイル変換方法**（Excel → CSV）　Excel でデータを作成したあとに，つぎの手順で名前を付けて CSV 形式で保存することができる。

［**手順**］

① Excel Book の左上の「ファイル」をクリック

② 「名前を付けて保存」を選択

③ 参照（Ver.2013 以降）をクリック

④ 作業フォルダを指定

例えば，デスクトップの「R 作業用フォルダ」を指定

⑤ ファイル名を指定

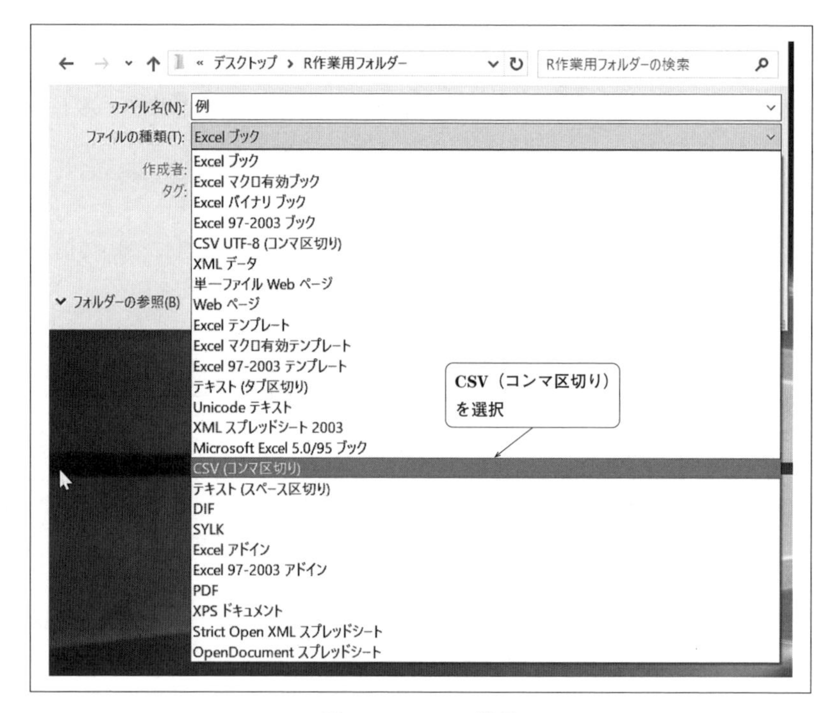

図 1.16　CSV の選択

例えば，「例」と入力

⑥ ファイルの種類からCSVを選択する（**図1.16**参照）

⑦ 保存（S）をクリック

図1.16は，いくつかあるファイルの種類から「CSV（コンマ区切り）(*.csv)」を選択しデータを保存する様子を示す。

〔2〕 コマンドによる読み込み　Rによる CSV ファイルの読み込みコマンドは以下のようになる。

```
read.csv("対象ファイル", header=T, row.names=1)
```

［解説］

read.csv( ) で読み込んだデータはデータフレームという形で作成される。「データフレーム＝Excelのシート」と解釈しても支障はない。

header=T は1行目を列の名前として読み込む。1行目が列の名前を表していない場合は header=F とする。

row.names=1 は1列目を行の名前として読み込む。行の名前として取り込む列がない場合はこの部分は省略する。

例を用いてRのコマンドを理解してみよう。

例1.1 **表1.1**の「例1.1_年収データ.csv」は80人の年収〔万円〕データである。データの読み込みを行ってみよう。

このデータの読み込み例を**図1.17**に示す。

表1.1 例1.1_年収データ.csv〔万円〕

ID	年収	ID	年収	・・・	ID	年収	ID	年収
1	685	11	440	・・・	61	328	71	380
2	180	12	480	・・・	62	368	72	730
3	124	13	520	・・・	63	408	73	280
4	160	14	518	・・・	64	330	74	124
5	200	15	206	・・・	65	446	75	164
6	240	16	246	・・・	66	486	76	204
7	280	17	286	・・・	67	214	77	244
8	720	18	326	・・・	68	560	78	284
9	360	19	366	・・・	69	600	79	324
10	400	20	406	・・・	70	640	80	360

```
> data<-read.csv("例1.1_年収データ.csv",header=T,row.names=1)
> data
  年収.万円
1       685
2       180
3       124
4       160
5       200
6       240
7       280
8       720
```

図 1.17　R による読み込み例

図 1.17 では,「例 1.1_ 年収データ .csv」のデータを「data」という変数に読み込んだことを意味する。それを

>data

で出力したものである。これは 80 人分のデータをすべて抽出する形になっているので，実際には 80 人分のデータがその下に続いて出力される。

つぎに，**図 1.18** で，全データの中で指定したデータのみを抽出する方法をいくつか紹介する。

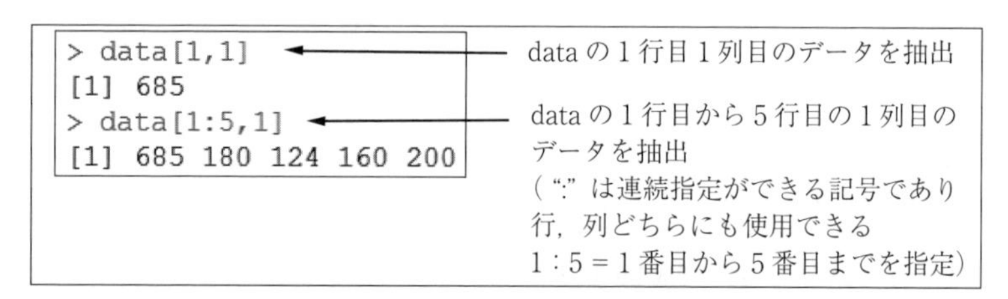

```
> data[1,1]
[1] 685
> data[1:5,1]
[1] 685 180 124 160 200
```


図 1.18　指定した部分を抽出例

①　変数［行数，列数］で指定した部分を抽出。

実行例の右に示すように，示した値を行と列で指定することができる。この場合は「1 行目 1 列目」のデータや「1 行目から 5 行目の各 1 列目」のデータを指定している。

②　head(data) で最初の 6 行だけ抽出（**図 1.19**）。

>head(変数)

は，指定した変数の最初の 6 行分のデータを抽出して出力する命令である。

```
> head(data)
  年収.万円
1       685
2       180
3       124
4       160
5       200
6       240
```

図 1.19 最初の 6 行のデータを抽出した例

〔3〕 **基本統計量の算出**　基本的な統計量の求め方を示す。

（1） **代表値・バラツキ**　データの分布の中心的な傾向を示す統計量として，平均値と中央値の求め方を示す。バラツキに関しては，不偏分散と標準偏差を求めてみる。それらを**図 1.20** に示す。

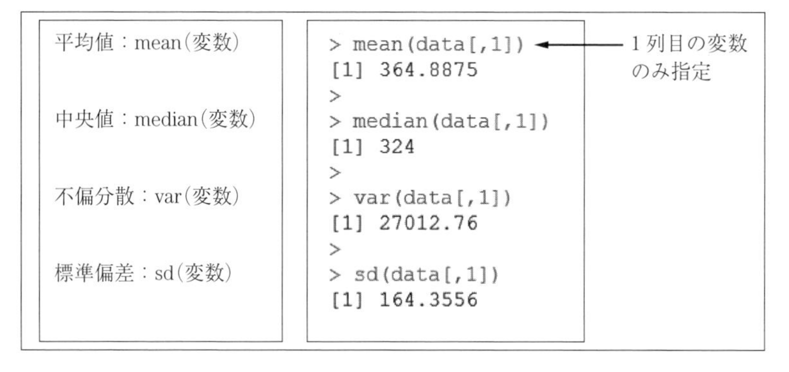

図 1.20 平均とバラツキ

図の左側にコマンドの書き方を，実行例をその右に示す。注釈にあるように，データのいくつかの項目の中から，1 列目の項目のみに対して統計量を算出することを意味している。この場合は，1 列目である年収データに対してのみ，平均値や中央値が算出されている。

（2） **最大値・最小値・範囲の関数**　平均や中央値と同様に，最大値・最小値・範囲を計算して出力する。さらに統計量の要約を求めたものを**図 1.21** に示す。

最大値：max(変数)

最小値：min(変数)

範囲：range(変数)

統計量の要約：summary(変数)

```
> max(data[,1])
[1] 765
> min(data[,1])
[1] 124
> range(data[,1])
[1] 124 765
> summary(data)
   年収.万円
 Min.   :124.0
 1st Qu.:243.5
 Median :324.0
 Mean   :364.9
 3rd Qu.:476.2
 Max.   :765.0
```

図 1.21　最大値と最小値そして範囲

ここで統計量の要約（summary）の中に，「1st Qu.」と「3rd Qu.」が出てきた。これは四分位数を表すものである。「1st Qu.」は第 1 四分位数で，データを大きさの順に並べたときの下位 25％の上限値である。一方，「3rd Qu.」は第 3 四分位数で，上位 25％の下限値となる点である。

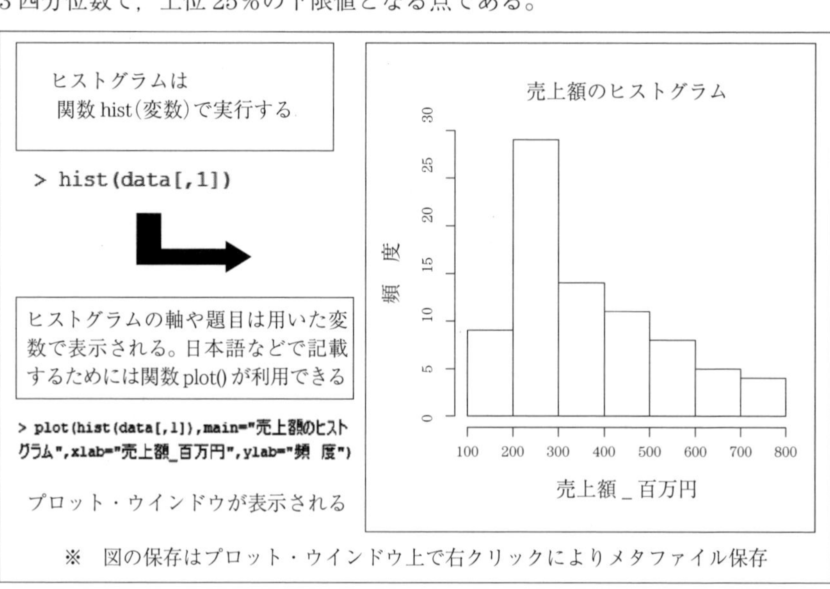

図 1.22　ヒストグラム例

〔4〕 ヒストグラムの作成　分布の特徴を可視化するために有効なヒストグラムの関数を紹介する。ヒストグラムは, hist( ) 関数で作成できる。題目や項目のラベルは日本語にすることもできる。

この**図 1.22** からわかるように左右対称となっていないことがわかる。

〔5〕 相関係数　**相関係数**は, 変数間の関係を知るための重要な値である。求め方を例により示す。

例 1.2　**表 1.2**「例 1.2_ 身長と体重 .csv」は 20 人の生徒の身長と体重である。体重は身長と関係があると思われる。このデータを用いて, 身長と体重の関係の強さを示す相関係数を求めてみよう。実行では「例 1.2_ 身長と体重 .csv」を data_2 とする。

表 1.2　例 1.2_ 身長と体重 .csv

生　徒	身　長〔cm〕	体　重〔kg〕
1	130	38
2	120	31
3	148	43
4	126	35
5	128	33
6	148	50
7	144	38
⋮	⋮	⋮
16	122	42
17	127	37
18	144	48
19	135	52
20	150	65

〔1〕 データの読み込みと計算　20 人の生徒の身長と体重を読み込み, 相関係数を求める。相関係数はつぎのコマンドで求めることができる。

```
>cor(data_2)
```

さらに, 相関係数桁数の表示を調整した。そのためのコマンドは以下のものである。なお小数点以下を 3 桁とした。これらの結果を**図 1.23** に示す。

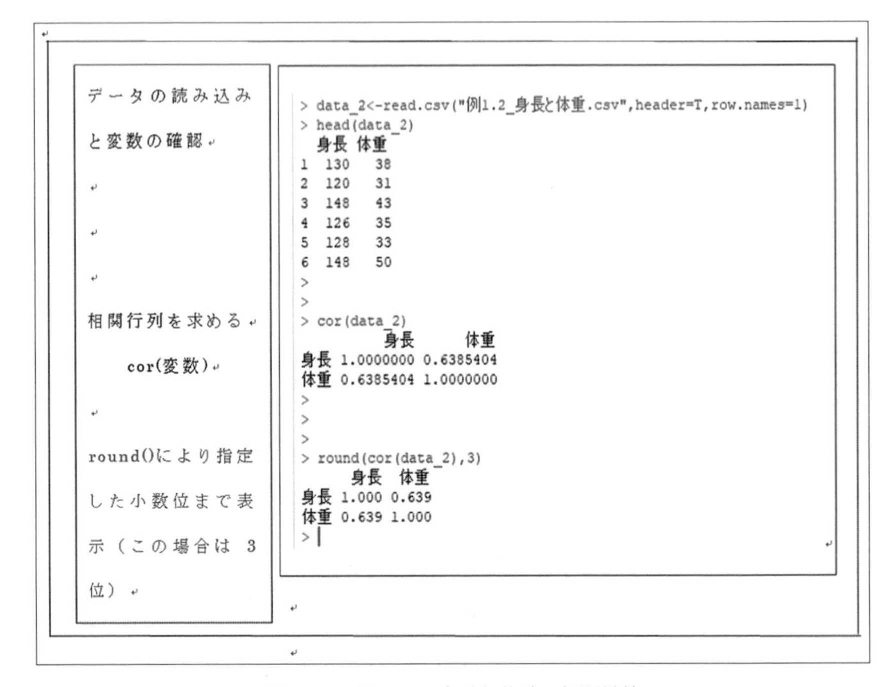

図 1.23　例 1.2 の身長と体重の相関係数

```
>round(cor(data_2),3)
```

〔**2**〕 **考　　察**　一般的に「身長と体重の間には関係がありそうである」と考えられる。この 20 人の生徒のデータでは 0.639 であった。相関係数は，二つの変数の線形的な関係性の強弱を測るための指標であり，無次元で −1 から 1 の範囲での値をとる。相関係数が正のときは**正の相関**があり，負のときは**負の相関**があるという。また相関係数が 0 に近いときは**無相関**であるという。今回の 0.639 という値から，正の相関がありそうである。つまり，身長の値が高くなるにつれて，体重の値も高くなる傾向がありそうである。一般的には，相関係数の値が 0.6 以上から，相関関係があるとみなされることが多い。

【例題 1.1】

表 1.3 の「例題 1.1_ 年間売上データ .csv」はつぎのように 125 店舗の年間

表 **1.3**　例題 1.1_年間売上データ.csv

店舗名	売上額 百万円	店舗面積 m^2
Store 1	1351	147
Store 2	1926	345
Store 3	1994	216
Store 4	2123	274
Store 5	1517	211
Store 6	1619	382
⋮	⋮	⋮
Store 120	7666	2858
Store 121	2312	879
Store 122	2412	1499
Store 123	2113	873
Store 124	2621	917
Store 125	2042	944

売上額と店舗面積である。ここでは，店舗の年間売上額に着目する。Rを用いて年間売上額の平均値と分散と統計量の要約を求めてみよう。さらに相関係数を求め，散布図を描き考察してみよう。

［**解答例**］　データを変数「data_1.1」とする。まず，平均値と分散さらに統計量の要約（summary）を求めることにする。年間売上額のデータに対する結果を**図 1.24** に示す。

```
> data_1.1<-read.csv("例題1.1_年間売上データ.csv",header=T,row.names=1)
> head(data_1.1[,1])
[1] 1351 1926 1994 2123 1517 1619

> mean(data_1.1[,1])
[1] 2364.648
> var(data_1.1[,1])
[1] 4748768

> summary(data_1.1[,1])
   Min. 1st Qu.  Median    Mean 3rd Qu.    Max.
    357    1307    1811    2365    2412   13434
```

図 1.24　例題 1.1 の年間売上額の統計量

さらに，店舗面積と売上額の相関係数を求め散布図を描く（**図 1.25**）。**散布図**とは，二組の変数（この場合，ある店舗の年間売上額と店舗面積）のそれぞ

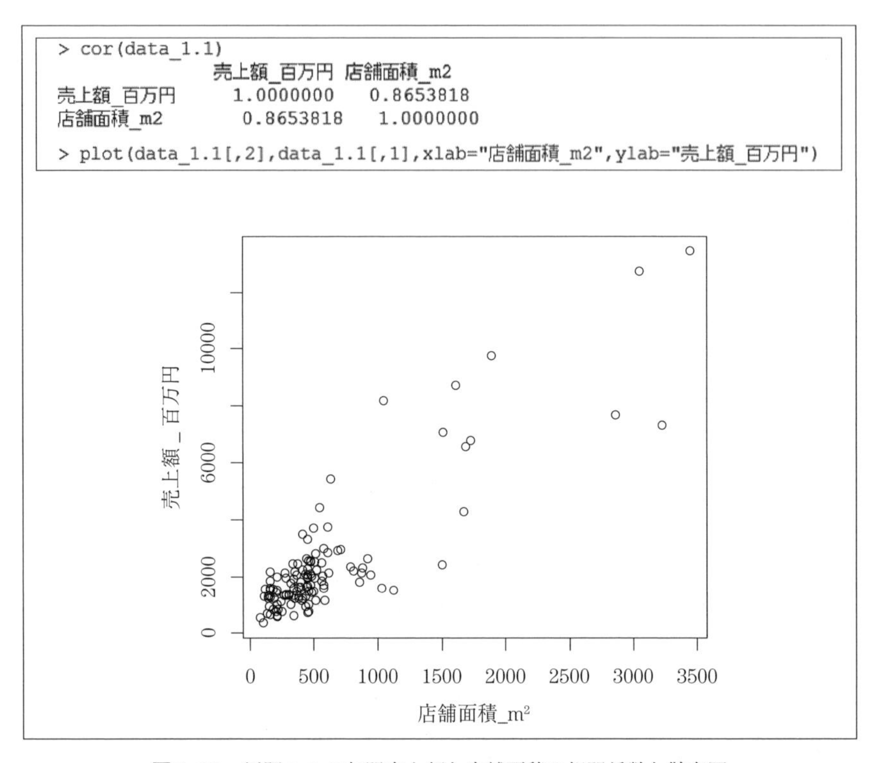

図 1.25　例題 1.1 の年間売上額と店舗面積の相関係数と散布図

れを縦軸，横軸に対応させ，データを点でプロットしたものである。なお，散布図の X 軸と Y 軸に名前を付けてある。

［**考　察**］ 相関係数の値が 0.865 と大きな値となっている。しかし，散布図を見てわかるように，店舗面積が極端に大きなデータに引っ張られていることがわかる。このように各変数の値の分布がひずんでいるような場合は相関係数の値の導出に気を付けなくてはいけない。店舗面積が小さな群と大きな群にデータを分けて考えることが必要である。

【例題 1.2】

例題 1.1 では店舗面積が小さい群の傾向がはっきりしていなかった。そこで店舗面積が小さなデータ群の中から，店舗面積が 400 m^2 以下の店舗と，

400 m^2 より広く 800 m^2 以下の店舗に分けて,「例題 1.2_ 年間売上データ 400.csv」(53 店舗)と「例題 1.2_ 年間売上データ 800.csv」(52 店舗)とし,**表 1.4** に示す。このデータに対して例題 1.1 と同じく年間売上額の平均値と分散などを求め例題 1.1 の結果と比較し考察してみよう。

表 1.4　例題 1.2_ 年間売上データにおける店舗面積比較

例題 1.2_ 年間売上データ 400.csv

店舗名	売上額 百万円	店舗面積 m^2
Store 53	544	82
Store 30	357	100
Store 17	1324	114
Store 19	1567	119
Store 10	691	136
Store 26	1246	146
Store 29	1320	146
⋮	⋮	⋮
Store 9	2458	378
Store 6	1619	382
Store 43	1221	384
Store 48	1307	385
Store 38	1625	398
Store 41	1811	400

例題 1.2_ 年間売上データ 800.csv

店舗名	売上額 百万円	店舗面積 m^2
Store 98	1153	408
Store 60	3508	412
Store 70	1217	416
Store 103	2227	417
Store 68	2081	437
Store 86	958	437
Store 72	1303	440
⋮	⋮	⋮
Store 92	2126	613
Store 61	5432	634
Store 95	2913	687
Store 90	2947	707
Store 62	2362	790

[**解答例**]　例題 1.2 では,店舗面積が小さい群は傾向がはっきりわからなかった。そこで,800 m^2 以下の店舗をさらに二つに分けて,平均値と分散と統計量の要約,さらに相関係数を求めた。まず 2 群の統計量を**図 1.26** に示す。

さらに,つぎのコマンドにより 2 群の散布図を描いたものを**図 1.27** に示す。

[**考　察**]　二つの群を比べると年間売上額は確かに店舗面積が大きくなると増えることは確認できる。ただし,どちらの群も相関がそれほどないことに気が付く。400 m^2 以下の場合は相関係数の値は 0.427 であり,相関がない中でもバラツキがあることがわかる。800 m^2 以下の店舗は,400 m^2 以下の場合に比べ平均値は 1.5 倍程度であるの対して,標準偏差は 2 倍(分散は 4 倍)になっている。また相関係数の値も 0.382 と小さな値である。このことから年間売上額は店舗面積以外の要因があることを示唆している。例えば,年齢構成や人

```
> data_1.2.1<-read.csv("例題1.2_年間売上データ400.csv",header=T,row.names=1)
> head(data_1.2.1[,1])
[1]  544  357 1324 1567  691 1246
> mean(data_1.2.1[,1])
[1] 1364.604
> var(data_1.2.1[,1])
[1] 248442.6
> summary(data_1.2.1[,1])
   Min. 1st Qu.  Median    Mean 3rd Qu.    Max.
    357    1023    1351    1365    1619    2458
> round(cor(data_1.2.1),3)
              売上額_百万円 店舗面積_m2
売上額_百万円         1.000       0.427
店舗面積_m2           0.427       1.000
```

```
> data_1.2.2<-read.csv("例題1.2_年間売上データ800.csv",header=T,row.names=1)
> head(data_1.2.2[,1])
[1] 1153 3508 1217 2227 2081  958
> mean(data_1.2.2[,1])
[1] 2155.327
> var(data_1.2.2[,1])
[1] 861465.6
> summary(data_1.2.2[,1])
   Min. 1st Qu.  Median    Mean 3rd Qu.    Max.
    730    1567    2020    2155    2560    5432
> round(cor(data_1.2.2),3)
              売上額_百万円 店舗面積_m2
売上額_百万円         1.000       0.382
店舗面積_m2           0.382       1.000
```

図 1.26　例題 1.2 の 2 群の年間売上額の統計量

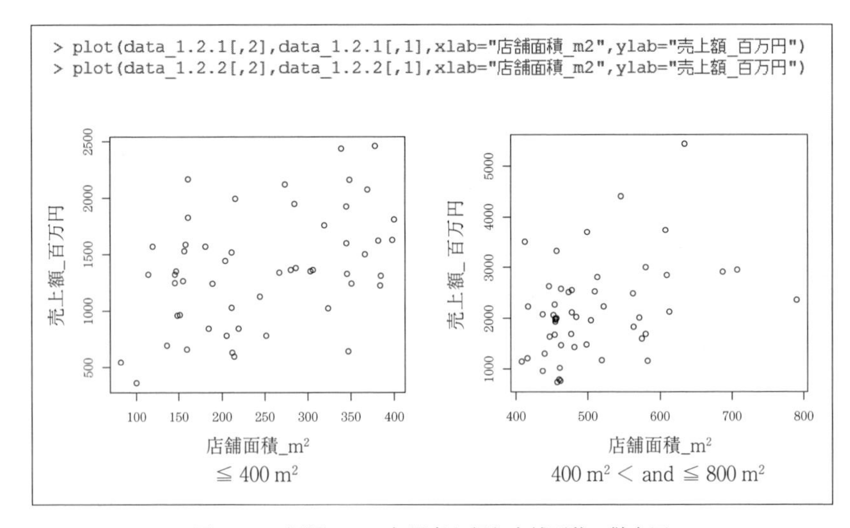

図 1.27　例題 1.2 の年間売上額と店舗面積の散布図

口密度などの地域特性や競合店の存在などが考えられる。

【例題 1.3】

例題 1.1 のデータと例題 1.2 のそれぞれについて年間売上額のヒストグラムを描き考察してみよう。

［**解答例**］ 通常，相関係数は正規分布に従うデータに対して検討すべきものである。そこで，例題 1.1 と例題 1.2 のデータについてヒストグラムを描いて，その傾向を調べた。結果は以下の通りである（**図 1.28**～**図 1.30**）。

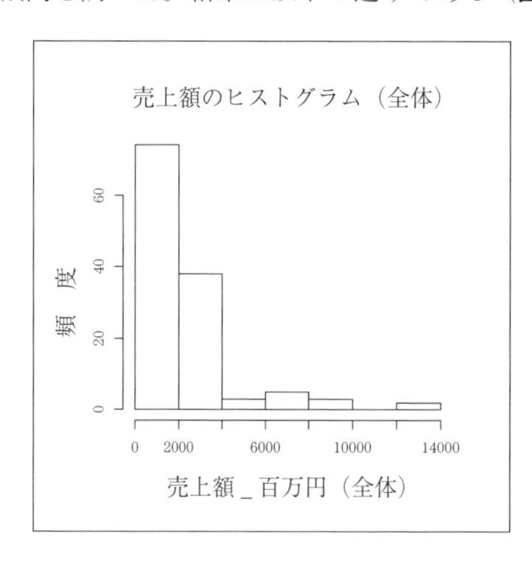

図 1.28 例題 1.1 の ヒストグラム

1） **全データ**

```
>data_1.1<-read.csv(" 例 題 1.1_ 年 間 売 上 デ ー タ .csv", header=T, row.names=1)
>hist(data_1.1[,1])
>plot(hist(data_1.1[,1]),main=" 売上額のヒストグラム ( 全体 )",xlab=" 売上額 _ 百万円 ( 全体 )", ylab=" 頻　度 ")
```

2） **400 m² 以下の店舗**

```
>data_1.2.1<-read.csv(" 例 題 1.2_ 年 間 売 上 デ ー タ 400.csv", header=T, row.names=1)
```

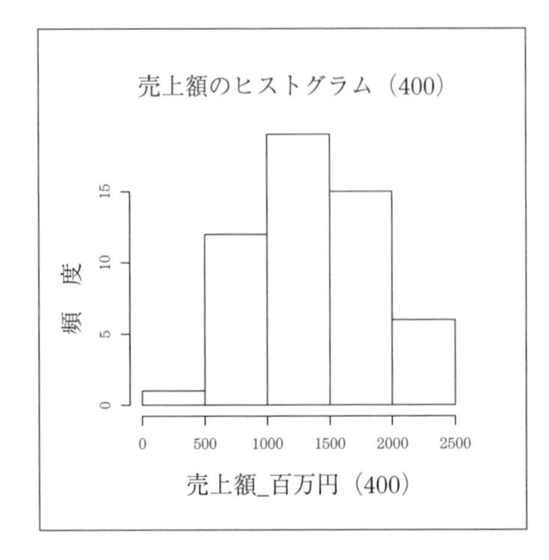

図 1.29　例題 1.2 の 400 m² 以下の店舗のヒストグラム

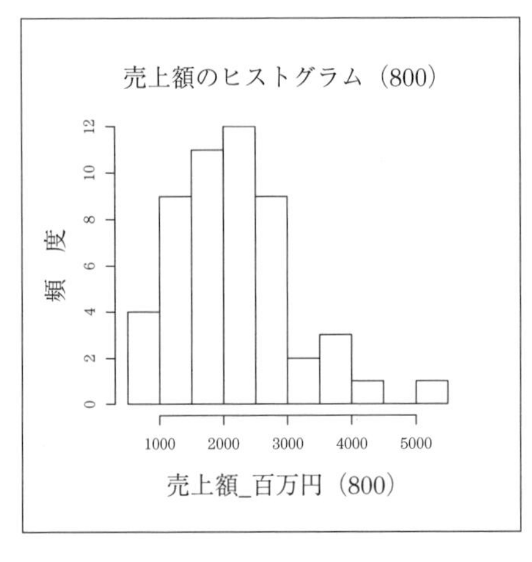

図 1.30　例題 1.2 の 400 m² より広く，800 m² 以下の店舗のヒストグラム

```
>hist(data_1.2.1[,1])
```

3）**400 m² より広く，800 m² 以下の店舗**

```
>data_1.2.2<-read.csv("例題1.2_年間売上データ800.csv", header=T, row.names=1)
>hist(data_1.2.2[,1])
```

［**考　察**］　図 1.28 と図 1.30 は裾を引くヒストグラム（ヒズミが正）となっている。つまり，その範囲内で大きな値の方向に分布が引っ張られていること

がわかる。相関分析はデータが正規分布と考えられる場合に行われるものである。したがって，このような場合には，本来は相関係数による分析を検討すべきではない。一方，図1.29は中央が高くなっており正規分布の形状が見える。相関係数が大きくなれば，店舗面積と売上額の関係式を求めることはできる。しかしこのデータでは，バラツキが大きく相関係数の値も高くない。これらのことからも，店舗面積だけでは説明が難しいことがわかる。

【例題1.4】

（t-検定：平均値の差の検定）**表1.5**の「例題1.4_売上の店舗比較.csv」は，店舗面積が400 m^{2}以下の店舗（53店舗）と400 m^{2}より広く800 m^{2}以下の店舗（52店舗）に分けて，年間売上データをまとめなおしたものである。この二つのグループの売上額に，統計的に意味のある差があるかを平均値で比較したい。その際，分散は等しいと仮定せずに比較したい。検討しよう。

表1.5　例題1.4_売上の店舗比較.csv

店舗	金額百万円 400 m^2	金額百万円 800 m^2
1	544	1153
2	357	3508
3	1324	1217
4	1567	2227
5	691	2081
6	1246	958
7	1320	1303
8	1351	2629
⋮	⋮	⋮
46	1501	3743
47	2073	2849
48	2458	2126
49	1619	5432
50	1221	2913
51	1307	2947
52	1625	2362
53	1811	

［**解答例**］　平均値の差の検定は，2群の平均値に差がないとする仮説（帰無仮説）を立てて観測データなどから行う。その際，比較する群の分散が等しいと仮定して行うこともあるが，ここでは，検定は分散が未知で，分散が等しくないとした場合の t 検定を行う（**Welch の検定**）。詳しくは，例えば横山等[5]を参照されたい。

（**1**）**データの読み込み**　　検定に用いるデータの読み込みを行う。

データ：例題1.4_売上の店舗比較.csv

変数：data_1.4

（**2**）**Welch の検定の実行**　　まず，データを検定を行うための関数に設定する。データの設定に際しては，二つのデータセットをそれぞれ指定する必要がある。さらに，「分散が等しくない」，「対のデータではない」と設定する。

検定：Welch の検定（分散が異なる場合の2群比較）

関数：t.test(data_1.4$金額百万円_400,data_1.4$
　　　金額百万円_800,var.equal=F,paired=F)

ここで

　var.equal=F　　<－分散が異なる場合はF　等しければT

　paired=F　　　<－対のデータでない場合はF　対のデータならばT

結果を**図1.31**に示す。

```
> data_1.4<-read.csv("例題1.4_売上の店舗比較.csv",header=T,row.names=1)
> t.test(data_1.4$金額百万円_400,data_1.4$金額百万円_800,var.equal=F,paired=

        Welch Two Sample t-test

data:  data_1.4$金額百万円_400 and data_1.4$金額百万円_800
t = -5.4238, df = 77.833, p-value = 6.367e-07
alternative hypothesis: true difference in means is not equal to 0
95 percent confidence interval:
 -1080.975  -500.471
sample estimates:
mean of x mean of y
 1364.604  2155.327
```

図1.31　例題1.4の平均値の差の検定

(3)　**比較検討と考察**　店舗面積が 400 m^2 以下の店舗の年間売上の平均値は，1 364 百万円であり，400 m^2 より広く 800 m^2 以下の店舗の場合は 2 155 百万円である。明らかに違いがあるようである。結果はそのとおり，帰無仮説が正しい場合に，実際に観察された 2 群の差の値以上となる確率を示す $\boldsymbol{p}$ **値**が 6.367e-07 ととても小さな値になり，高度に有意となった。つまり「800 m^2」のほうが，売上が多いことがわかる。

演　習　課　題

【1.1】「課題 1.1_ 鞄の購入金額 .csv」のデータからどのような特徴が見られるだろうか。例えば全データで平均値や分散などの基本統計量を求めなさい。さらに，男女別で分類して検討するなど，各自で検討しなさい。

【1.2】　年間売上額を予測するために，売場面積のほかにも情報を集める必要がある。そこで，店舗の情報のほかに，店舗が存在する地域の人口などの情報を収集した。その結果が「課題 1.2_ 年間売上データ多変数 .csv」である。年間売上額と各変数との関係（相関係数）を検討しなさい。また，各変数のヒズミやトガリなどの値も求めて分布の特徴について検討しなさい。

注：「競合店係数」は 1 km 圏内の競合店の面積を距離換算したものである。値が大きければ，競合店が近くにあることになる。単位は〔m^2/km〕である。

【1.3】「課題 1.3_ 鞄購入金額男女 .csv」は 151 人の顧客の鞄の購入金額である。男性と女性で購入の金額に違いがあるかを調べることにした。平均値の差の検定を行いなさい。

2. 商圏と売上予測

［**ポイント**］ 小売店が成功するためには，立地，品ぞろえ，価格など，さまざまな要因を検討する必要があるが，そのなかでも新規出店に関して重要となるのが，出店地の潜在購買力の分析である。本章では新規出店を検討する際の商圏分析方法について重回帰分析を中心に学ぶ。ここでは，特別の断りがないかぎり，食品スーパーマーケットの業態に絞って論理展開を進める。また，一般的なモデルを説明するときには，顧客と区別して消費者を用いる。消費者は，財・サービスを消費する人の総称を表している。一方，顧客は，自社の商品やサービスの購入実績のある人，あるいは再び購入する見込みがある人とする。

2.1 商 圏 デ ー タ

まず，**商圏**（trade area）とは，小売店や商業施設が顧客を呼び込むことができる地理的範囲である。さらに，消費者は購入希望の商品によって店舗を選んでいる。わかりやすいものでいうと，**最寄品**と呼ばれる日用品や食料品などのように，消費者がわざわざ時間をかけずに買う商品と，比較的高級な商品のように，足を運んで吟味して買う**買回品**と呼ばれる商品がある。そのため扱っている商品の違いによって商圏の半径も変わる。最近ではCVS（コンビニエンスストア）のような超小型店から，複数の専門店や非物販施設（物販以外の施設や店舗）と大型店が複合されたSC（ショッピングセンター）など，多様な業態展開をしており，商圏エリアや商圏構造も大きく異なる。一般的には，単独の大型店舗における主たる商圏エリア半径は，例えば店舗面積が3000 m^2

以下の場合は2〜3 km程度で，店舗面積が10倍程度になると10 km以上になるといわれている。小規模の店舗の場合は500 m程度である。また，店舗までの距離によって，頻繁に来店する消費者は徒歩で来店するだろう。少し離れると自転車，それ以上になると公共交通機関や自家用車を利用することになる。その違いによって商圏を一次商圏，二次商圏，三次商圏などで区分している。一次商圏と二次商圏の範囲の違いは明確な規定はないものの，一般的には一次商圏と二次商圏はつぎのように定義されている。

① **一次商圏**：（商圏人口の累計値80%までの町丁目）

② **二次商圏**：（商圏人口の累計値90%までの町丁目）−（一次商圏町丁目）

店舗の売上額を予測するためには，この商圏内の情報が必要である。営業をしている店舗が次年度の売上額を予測するのは，昨年や今年度の売上額から予測すればよいため，比較的容易である。しかし，新店舗の場合はそうはいかないため，細かにその地域の情報を集めなくてはならない。では，どのような情報が必要であろうか。

「売上を上げたい」を特性要因図で考えると**図2.1**のようになる。

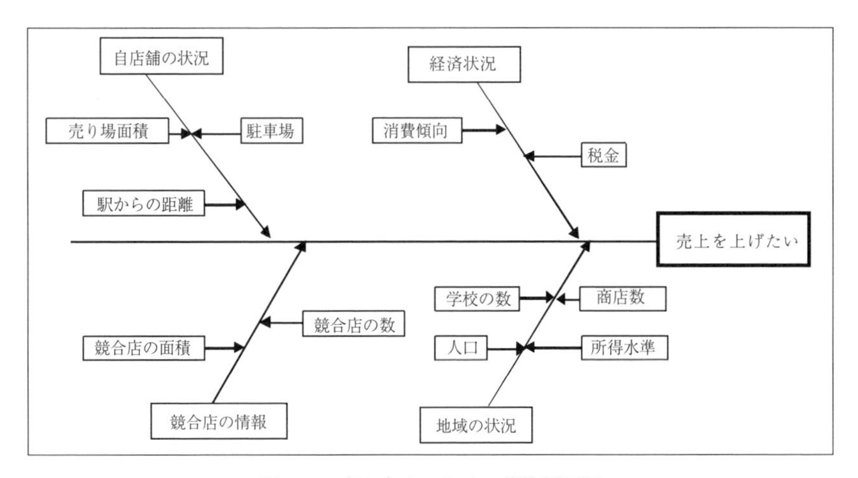

図2.1 売上向上のための特性要因図

2.2　従来の商圏把握方法

広いエリアに1店舗しかなければ，その店舗の一人勝ちになるわけであるが，実際は複数の店舗がある。消費者はどのような理由から店舗を選ぶのであろうか。店舗は狭いよりも広いほうが魅力的だろう。しかし，遠ければ行きたくなくなるはずである。基本的にはこの関係から吸引率（消費者を引き込む割合）がモデル化されている。ここでは，従来から用いられている店舗と消費者をつなぐためのモデルを紹介する。

2.2.1　Reilly の 法 則

店舗というより，どの町で買い物をするかを考えたとき，大きな町に魅力を感じるだろう。一方，その町までの距離が遠ければ購買の気持ちは抑制されてしまう。いま，A町とB町があるとする。それぞれの町の購買の魅力は商圏半径で表される。それをT_aとT_bとする。さらに，それぞれの町の潜在購買力を人口で代表させるとし，それをP_aとP_bとする。このとき，ある消費者がA町とB町のどちらに買い物に出かけるかを考える（**図2.2**）。ある消費者からそれぞれの町までの距離をD_aとD_bとする。消費者に対する小売吸引力をモデル化したReillyの法則は，そのときつぎの関係が成り立つとしたものである[6]。

$$\frac{T_a}{T_b}=\left(\frac{P_a}{P_b}\right)\times\left(\frac{D_b}{D_a}\right)^2=\frac{P_a/D_a^{\ 2}}{P_b/D_b^{\ 2}} \qquad \text{A町への吸引率}=\frac{T_a}{T_a+T_b}=\frac{T_a/T_b}{1+T_a/T_b}$$

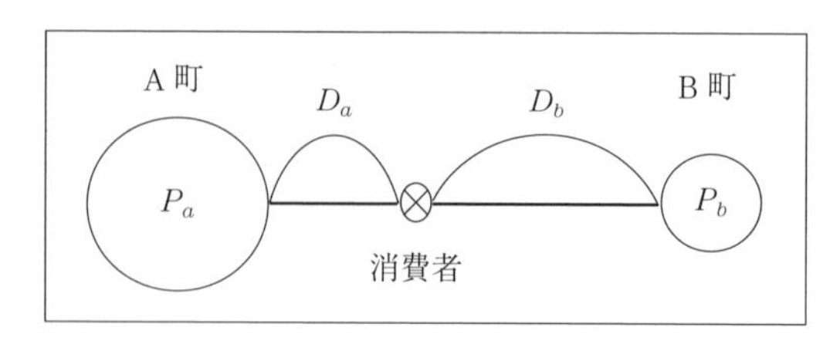

図2.2　Reillyの法則の考え方

この法則は，買回品（購入頻度が低く，慎重に検討される商品）のモデルと考えることができる。また，日本のように商業地域が複雑な場合にはあまり適していないので，実際にこの法則を用いる流通企業はほとんどないのが現状である。

2.2.2 Huff モデル

アメリカの経済学者デービッド・ハフ博士が考案した商圏算出モデルである（**図 2.3**）[(7)]。消費者の心理としては，大きな店舗のほうが品ぞろえはよいだろうと考え，たとえその店舗が遠くても安心して買い物に出かけるだろう。一方，近い店舗のほうが時間的には便利である。この店舗面積と店舗までの距離に基づいて店舗の吸引率を求めるのが，以下の Huff モデルである。

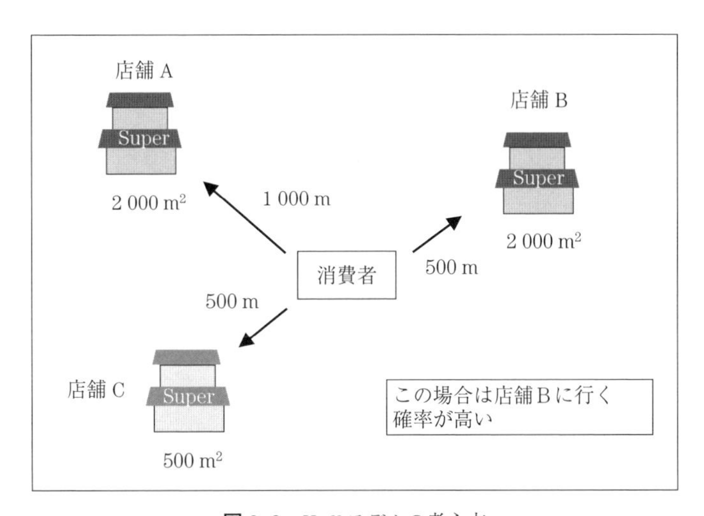

図 2.3 Huff モデルの考え方

例えば，i 地点から j 店舗に買い物に行く割合は以下のように表される。

$$P_{ij}=\frac{\dfrac{S_j}{T_{ij}^{\lambda}}}{\displaystyle\sum_{j=1}^{n}\frac{S_j}{T_{ij}^{\lambda}}}$$

ここで，各記号や変数は以下のとおりである。

P_{ij}：i 地点から j 店舗に買い物に行く割合

S_j：j 店舗の売り場面積

T_{ij}：i 地点から j 店舗までの距離（所要時間）

n：自店も含む競合店舗数

λ：所要時間の抵抗係数（$\lambda=1.2\sim2$）

このモデルは店舗が対象で最寄品（消費者が頻度に購入する商品）にも適応することができる。つまり，式からもわかるようにReillyの法則と同様な考え方である。Reillyの法則で使用した人口と距離に加えて，小売面積が因子に加えられている。

さらに，抵抗係数を $\lambda=2$ とし，「消費者がある商業地で買い物をする確率は，商業集積の売場面積の大きさに比例し，その商業地までの距離の二乗に反比例する」とした修正Huffモデルは，経済産業省が適用を推し進めたこともあり，大型店舗で活用された。

2.3　実商圏調査の変化

流通業・サービス業の販売戦略は商圏の把握から始まる。従来は店頭でのアンケート調査の集計分析による商圏把握が中心であった。これは住所と来店手段などを調査で明らかにするものであった。それがいまは，ポイントカードなどの住所データから **GIS**（Geographic Information System：**地理情報システム**）活用による商圏把握が行われている。さらに**図 2.4** のように住所データを緯度経度に変換し，GISへ変換されている。

3.7節の顧客のロイヤリティ分析結果と照らし合わせると，エリアと顧客層の相関関係が明らかになる。

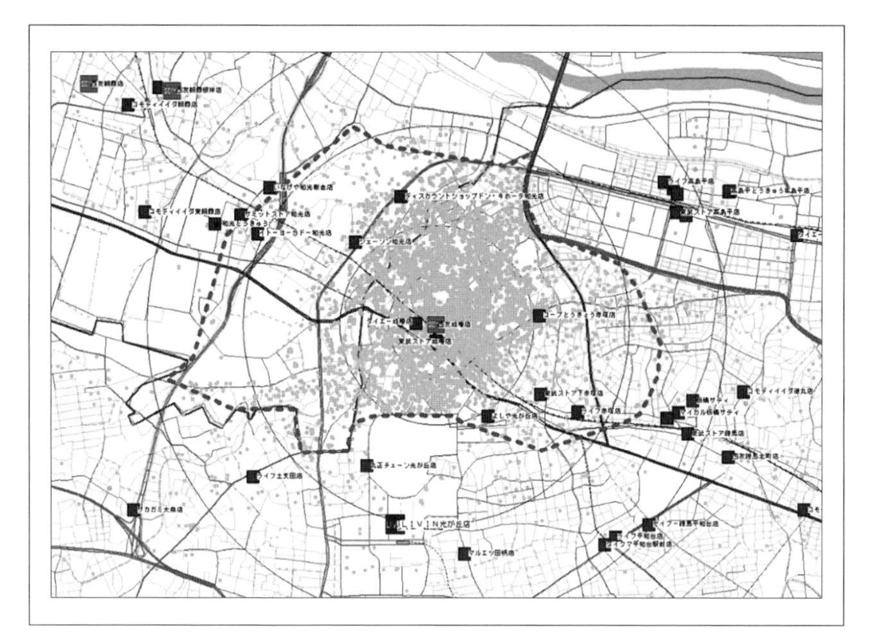

図 2.4　顧客データの MAP 化イメージ

2.4　主成分分析による商圏の分析

ある地域を説明するときに，この町は人口が多く，若い世帯が多い。交通の便がよく，商店街が充実している。などと細かい項目をいくつも並べて説明するだろうか。補足説明ではあるかもしれないが，通常はオフィス街だとか，郊外などと端的に説明するだろう。

一方，商圏に変化をもたらす要因には

① 人口の増減

② 交通機関の変化

③ 交通網道路体系の変化

④ 都市機能の変化（学校や銀行，公共機関など）

⑤ 大型商業開発（SC など）

⑥　都市間競合の変化（再開発など）

が考えられる。これらの要因を複数用いて，地域を説明することが考えられる。例えば，大都市やベッドタウン，商業地区や文教地区，繁華街や郊外，などの説明の仕方が考えられる。大都市では昼間人口が多く，飲食店が多いだろう。ベッドタウンでは昼間人口より夜間人口のほうが多く，飲食店はそれほど多くないであろう。複数の量的な変数を統合して合成変数を作り，より少ない指標や統合変数などに要約する統計的方法のことを**主成分分析**（**PCA**：Principal Component Analysis）という。次元を少なくするために**次元縮約**とも呼ばれている。この合成した変数のことを**主成分**と呼ぶ。例えば，健康の指数として用いられている **BMI**（Body Mass Index）もその一つである。

主成分分析の説明を，試験科目による評価を例に続ける。例えば，数学，物理，英語，国語，社会の５科目の試験科目があるとする。すべての科目がよくできる生徒もいるかもしれないが，理科系や文科系という分類があるように，数学ができる生徒は他の科目に比べて物理の点数が高く，国語や社会は苦手ということがあるかもしれない。このように複数の変数を少ない数の変数にまとめる変数の統合化の考え方を図示すると**図 2.5** のようになる。

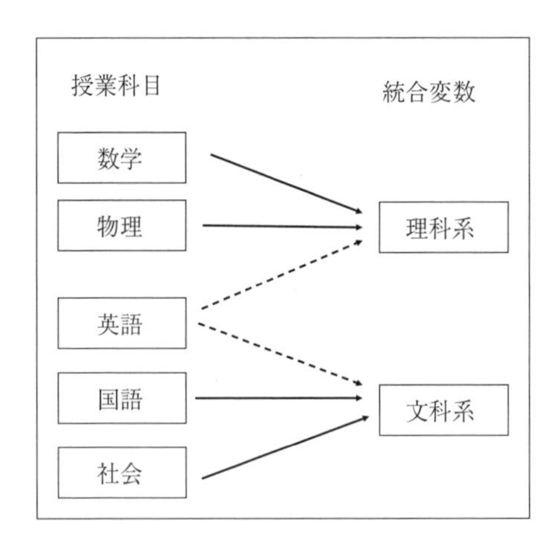

図 2.5　変数の統合化

地域情報に関しても，この各試験科目と同様に考えることができる。また，主成分分析のための合成変数の考え方を**図 2.6** に示す。

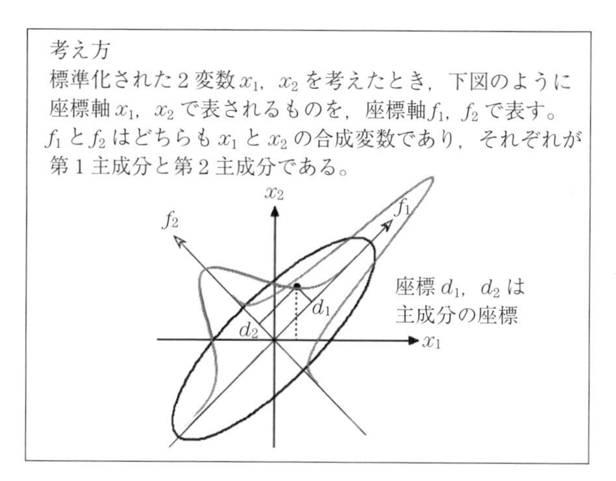

考え方
標準化された2変数x_1，x_2を考えたとき，下図のように
座標軸x_1，x_2で表されるものを，座標軸f_1，f_2で表す。
f_1とf_2はどちらもx_1とx_2の合成変数であり，それぞれが
第1主成分と第2主成分である。
x_2
f_1
f_2
座標d_1，d_2は
主成分の座標
d_1
d_2
x_1

図2.6　合成変数の考え方

最近は，地域情報や民力データなどマーケティングに関する情報の取得が容易になってきた。つねに情報を更新して，販売促進のエリアの改善および修正に活用することができる。これについては，3章の店頭マーケティングで実例を用いて説明する。

2.5　売上額予測のための重回帰分析

2.1節でも説明したように，売上には多くの事柄が関係している。これらの複合的な結果が売上である。流通業界の多くでは，新規出店時の売上額予測をシェア活用法などで行っている。これはあまり科学的な根拠に基づくものではないが，自社内の類似店（マーケットおよび店舗形態などの類似店）のシェアを参考にして見込みシェアを想定し，そこから売上げ予測する簡便な方法である。具体的には，総務省統計局「家計調査年報」などにより世帯当りの購買金額を商圏内世帯数に掛け合わせ総需要を予測し，それに見込みシェアを乗じて売上げ予測を行う。

ここでは大手流通業など，既存店の実データを多く保有している企業での活用が期待される手法として，重回帰分析による予測モデルの構築を説明する。

2.5.1　重回帰分析

重回帰分析（multiple regression analysis）は説明変数を用いて目的変数を求める回帰式を算出する方法である。一つの目的変数を一つの説明変数で予測する方法を**単回帰分析**（single regression analysis）という。例えば，身長から体重を予測することや売場面積から売上額を予測するようなことである。これに対して，一つの目的変数を複数の説明変数で予測する方法が重回帰分析である。例えば，身長と腹囲と胸囲から体重を予測することや，売場面積と周辺人口などから売上額を予測することが考えられる。

重回帰分析を行う際には，説明変数どうしは無相関という仮定が必要になる。説明変数どうしに高い関連性がある場合，一般化線形モデルでは**多重共線性**（multicollinearity）と呼ばれる状態になる。これは回帰係数の分散を大きくしてしまうため，結果が安定せず，分析結果を正しく解釈できないことが発生してしまうことがある。

2.5.2　予測モデルの構築

回帰モデルは以下のように示される。y が目的変数で，x が説明変数である。そして，a_i，b_i が回帰係数，あるいは偏回帰係数と呼ばれている。

単回帰分析　$y=a_0+a_1x$

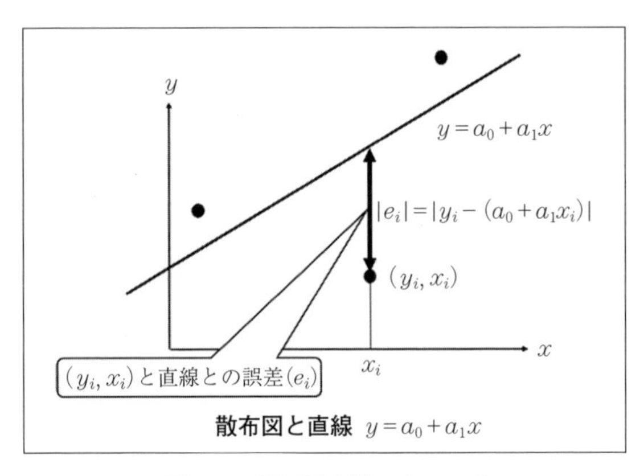

図 2.7　単回帰分析のイメージ

重回帰分析　$y=b_0+b_1x_1+b_2x_2+b_3x_3+b_4x_4+\cdots+b_Kx_K$

単回帰分析のイメージを**図 2.7** に示す。

回帰係数や偏回帰係数の値は，最小二乗法により，誤差が最小になるようにして求めることができる。

なお，モデルの有意性は以下から判断される。

・重相関係数や決定係数の値が高いこと

・偏回帰係数の符号が解釈できること

・標準誤差が小さいこと

・t 値が高く，p 値が小さいこと

・説明変数どうしに相関係数の値が高いもの（多重共線性）がないこと

など

参考：重回帰分析は，複数の量的変数（数値として扱うことができるデータ）から一つの量的目的変数を予測する方法である。一方，複数の質的変数（分類や種類を区別するための，数値として扱えないデータ）から一つの量的目的変数を予測する手法を**数量化Ⅰ類**という。

2.5.3　主成分回帰モデル

説明変数どうしには，ある程度相関が見られる変数がある場合がある。例えば，商店街が充実している地域は，人口密度が高く，銀行が多いかもしれない。また，会社や大学などが多い地域には，飲食店が多いだろう。これらの変数を用いて売上額予測を試みた場合，説明変数の中には相関の高いものが出てしまう。そこで，相関が見られる説明変数どうしをあらかじめ主成分分析で統合変数としてまとめてから，重回帰分析を行うことがよく行われ，これを**主成分回帰**と呼ぶ。これは地域の特徴の分析だけでなく，生活のスタイルの分析などにも用いられるものである。

2.6 Rによる変数統合と重回帰分析

2.6.1 主成分分析

まず主成分分析を用いて変数の統合を行う。Rによる主成分分析の使い方について例を用いて解説する。

例 2.1 「例 2.1_ 成績 .csv」のデータを用いて基本的なコマンドを説明する。データは**表 2.1** に示したように，7人の学生の，算数，国語，理科，社会の100点満点での成績である。どのようなことがわかるだろうか。検討してみよう。

表 2.1 例 2.1_ 成績 .csv

学生	算数	国語	理科	社会
A	45	55	75	80
B	55	45	35	90
C	100	65	60	55
D	60	55	55	60
E	70	30	45	55
F	45	50	65	75
G	55	80	35	85

算数，国語，理科，社会にはたがいに関係がありそうである。これらの変数がまとめられるか検討するために主成分分析を行う。まず，1章と同様，データの読み込みと必要なコマンドから紹介する。さらに，主成分分析の実行例を紹介する。

〔1〕 **データの読み込み**　成績データをつぎの変数

```
>data_1
```

に読み込む。さらに読み込んだデータの確認のために

```
>head（変数）
```

を実行する。この命令では，最初の6行のデータが表示される。それを**図 2.8** に示す。

```
> #データの読み込み
> data_1<-read.csv("例2.1_成績.csv",header=T,row.names=1)
> head(data_1)
  算数 国語 理科 社会
A   45   55   75   80
B   55   45   35   90
C  100   65   60   55
D   60   55   55   60
E   70   30   45   55
F   45   50   65   75
```

図 2.8 例 2.1_成績データの読み込み

〔**2**〕 **主成分分析を実行** 主成分分析を実行する関数は，princomp 関数とprcomp 関数がある。ここでは**図 2.9** に示すように prcomp（変数，scale = TRUE）で実行する。

```
> #主成分分析を実行
> prcom <-prcomp(data_1,scale=TRUE)
> prcom
Standard deviations (1, .., p=4):
[1] 1.3238368 1.0624411 0.9785874 0.4012998

Rotation (n x k) = (4 x 4):
            PC1         PC2          PC3        PC4
算数  0.6247242 -0.47442076  0.003916300  0.6201848
国語 -0.2063504 -0.64236627 -0.683245845 -0.2792136
理科  0.2048858  0.59923366 -0.730128456  0.2566189
社会 -0.7246799 -0.05665281 -0.008498011  0.6867003
```

図 2.9 主成分分析の実行（標準偏差と固有ベクトル）

ここで，「scale = TRUE」はデータを標準化して主成分分析を行う（相関行列で解く）ことを表している。また，PC1 は第 1 主成分，PC2 は第 2 主成分を意味する。

さらに，固有ベクトル（[用語の補足説明] 参照（49 ページ））のみを抽出し，それを表示した結果を，**図 2.10** に示す。また，主成分分析の分析結果の要約を**図 2.11** に示す。各主成分の標準偏差，寄与率，累積寄与率が示されている。累積寄与率は，そこまでの主成分でどれだけ説明ができそうかを示すものである。

```
> vectors <- prcom$rotation   #固有ベクトルのみを抽出
> vectors
            PC1         PC2          PC3        PC4
算数  0.6247242 -0.47442076  0.003916300  0.6201848
国語 -0.2063504 -0.64236627 -0.683245845 -0.2792136
理科  0.2048858  0.59923366 -0.730128456  0.2566189
社会 -0.7246799 -0.05665281 -0.008498011  0.6867003
```

図 2.10　固有ベクトルのみ抽出

```
> summary(prcom)
Importance of components:
                          PC1    PC2    PC3     PC4
Standard deviation     1.3238 1.0624 0.9786 0.40130
Proportion of Variance 0.4381 0.2822 0.2394 0.04026
Cumulative Proportion  0.4381 0.7203 0.9597 1.00000
> #Standard deviation (標準偏差)
> #Proportion of Variance (寄与率)
> #Cumulative Proportion (累積寄与率) PC1第1主成分 PC2第2主成分・・・
```

図 2.11　主成分分析の要約

つぎに，各サンプル（学生）の特徴を知るために，主成分の値の程度を知ることが必要である。そのための主成分得点を**図 2.12** に示す。

つぎに，その主成分得点を用いて，各サンプルの位置関係を調べてみる。例として，第 1 主成分と第 2 主成分の関係を示した。

```
>plot(prcom$x[,1],prcom$x[,2],xlab="第 1 主成分",ylab="第 2 主成分")
```

により，まずプロットする。それに

```
>text(prcom$x[,1],prcom$x[,2],labels=rownames(data_1))
```

で，ラベルを付ける。それを**図 2.13** に示す。

```
> score <- prcom$x   #主成分得点
> score
         PC1        PC2        PC3         PC4
A -0.6737135  1.2167550 -1.1006085  0.22847374
B -1.2475707 -0.2334997  1.2487572  0.52710659
C  2.0306737 -1.0537439 -0.7922998  0.41193047
D  0.5384162  0.1347175 -0.1275095 -0.55918439
E  1.3082059  0.5376902  1.4473948 -0.19148525
F -0.4947768  1.0479072 -0.4003516 -0.08535757
G -1.4612348 -1.6498263 -0.2753825 -0.33148359
```

図 2.12　主成分得点

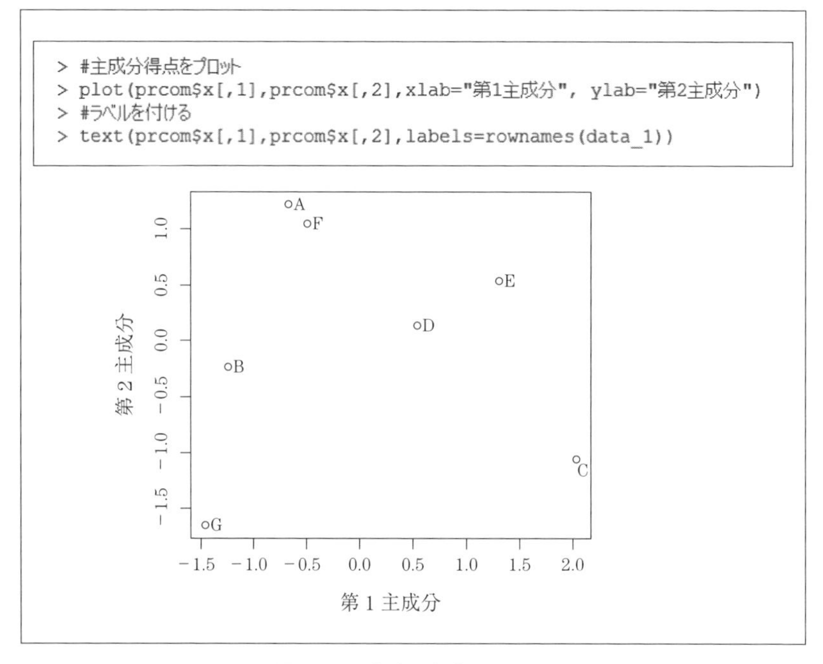

> #主成分得点をプロット
> plot(prcom$x[,1],prcom$x[,2],xlab="第1主成分", ylab="第2主成分")
> #ラベルを付ける
> text(prcom$x[,1],prcom$x[,2],labels=rownames(data_1))
A
F
E
D
B
C
G
1.0
0.5
0.0
−0.5
−1.0
−1.5
−1.5 −1.0 −0.5 0.0 0.5 1.0 1.5 2.0
第 2 主成分
第 1 主成分

図 2.13　主成分得点プロット

図 2.13 の結果から，第 1 主成分の得点が正に大きいのはサンプル C と E，負に大きいのがサンプル B と G であることがわかる。また，第 2 主成分では，正に大きいのがサンプル A と F であり，負に大きいのがサンプル C と G である。サンプル D は両主成分とも平均的である。

つぎに，各主成分がどのような特徴をもつものであるのかを解釈するために，因子負荷量を求める。そのコマンドと結果を**図 2.14** に示す。

```
> fc <- sweep(prcom$rotation, MARGIN=2, prcom$sdev, FUN="*")
> fc #因子負荷量を求める
            PC1         PC2          PC3        PC4
算数  0.8270330 -0.50404412  0.003832442  0.2488801
国語 -0.2731742 -0.68247634 -0.668615778 -0.1120484
理科  0.2712354  0.63665048 -0.714494510  0.1029811
社会 -0.9593579 -0.06019027 -0.008316047  0.2755727
```

図 2.14　因子負荷量

因子負荷量は，変数と主成分との関係の強さを表すもので，相関係数に当たるものである。そのことを考慮して図 2.14 から主成分の特徴を解釈する。第 1 主成分は，正の値が大きいのが算数，負の値で大きいのが社会である。理科の値も正であるが算数の成績のよさに特徴がありそうである。理科系的能力の

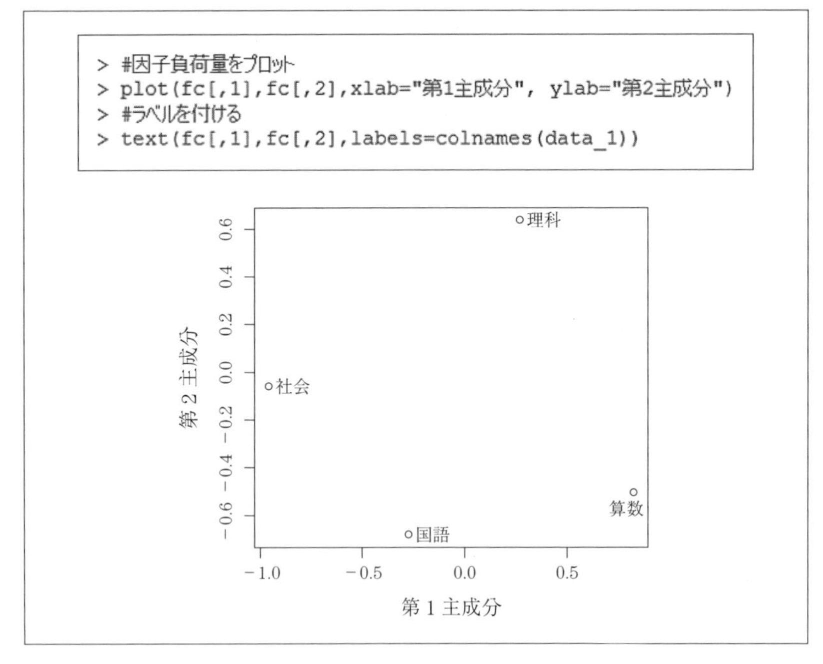

図 2.15　因子負荷量プロット

高さを表すともいえる。第2主成分は，理科の成績がよいわりに，算数や国語といった科目の成績がよくないことを示している。主成分の値と変数である科目の関係を**図 2.15** に示す。

〔**3**〕 **分析結果の解釈**　「例 2.1_成績.csv」のデータは四つの変数をもつ。それらをまとめることで，できるだけ少ない統合変数で説明できると都合がよい。図 2.11 の累積寄与率からわかるように，第2主成分までで 70% 以上の説明ができそうである。また，各主成分の意味は，因子負荷量の符号を含めた大きさから解釈できる。図 2.14 や図 2.15 からわかるように，第1主成分の大きな値をもつ学生は算数の成績がよく，社会の成績はよくない。第2主成分の値の大きな学生は，理科の成績がよく，算数や国語の成績はよくないようである。

［**用語の補足説明**］ここで，主成分分析に必要な言葉をまとめておく。マーケティング活動において，分析した地域や店舗のひいき度などを解釈するときに重要である。

・**主成分得点**　データが統合化された各主成分の軸上でとる値が**主成分得点**（主成分スコア）である。例えば，第1主成分の軸上の数値のことを第1主成分得点と呼ぶ。主成分回帰のときにはこの主成分得点を用いる。

・**因子負荷量**　**因子負荷量**は，主成分と説明変数との相関関係の強さを示すものであり，因子負荷量の絶対値が大きいほど，データをよく説明する因子である。この大きさから軸の解釈を行う。

・**固有値と固有ベクトル**　空間上の点は回転や拡大，縮小など変換することができる。**固有ベクトル**とはその変換後に単に大きさが定数倍される影響しか受けない零でないベクトルのことである。**固有値**はその固有ベクトルの変換で定数倍される倍率のことである。主成分分析は，分散が大きくなるように変換する方法である。

・**寄与率**　各主成分の分散の割合が**寄与率**である。各主成分が全データのバラツキ具合をどれほど説明できているのかを表す。さらに，第1主成分から第 m 主成分（m は任意の値）までの寄与率の和をそこまでの**累積寄与率**と呼ぶ。

2.6.2 重回帰分析

売上にどのような要因が考えられるか，影響がどれくらいあるのかを重回帰分析により検討する。さらに売上の予測を行うときなどにも用いられる。ここでも例を用いて解説する。

例 2.2 「例 2.2_7月ビールの売上 .csv」のデータを使って重回帰分析の基本的なコマンドを説明する。**表 2.2** は7月の気温とある店舗のその日の来客数とビールの売上である。来客数とビールの売上はどちらも結果であり，両者の相関は高いと考えられるが，あえてそのようなデータで解説することにする。このとき，その日の気温情報から売上額を見込めるだろうか。

表 2.2　例 2.2_7月ビールの売上 .csv

日　付 （7月）	気　温 〔度〕	来客人数 〔人〕	ビールの売上 〔円〕
1日	28	121	83231
2日	31	150	75001
3日	33	167	92391
4日	30	154	100121
5日	35	161	123650
6日	37	171	140230
⋮	⋮	⋮	⋮
24日	32	140	127231
25日	33	153	129089
26日	31	137	100212
27日	29	142	90913
28日	32	151	130991
29日	34	169	140915
30日	31	146	100814
31日	33	164	140077

〔1〕 **データの読み込み**　　7月の暑い日の飲食店をイメージしてみよう。店では，食事もできるし，ビールやそれ以外の飲み物もある。普段からある程度のビールの注文はあるものの，暑い日には特に注文が多いかもしれない。そのほかにも，来店者数にもビールの売上に関係すると思われる。この例で用いる変数として，「日付」，「気温」，「来客人数」，そして予測したい変数として「ビールの売上」の四つがある。分析のためには，これらの変数を読み込んで，名前

を付けることが必要である。そこで，この7月分のデータを「beer_data」という変数に読み込んだ。それが**図2.16**である。

```
> beer_data <- read.csv("例2.2_7月ビールの売上.csv",header=T,row.names=1)
> head(beer_data) #最初の6行のみ表示
       気温_度 来客人数_人 ビールの売上_円
7月1日      28         121          83231
7月2日      31         150          75001
7月3日      33         167          92391
7月4日      30         154         100121
7月5日      35         161         123650
7月6日      37         171         140230
```

図2.16　例2.2_7月ビールの売上データの読み込み

〔**2**〕 **重回帰分析を実行する**　ビールの売上の予測モデルを作るために重回帰分析を行う。予測モデルでは，予測したい変数を**目的変数**と呼ぶ。そして予測するために用いる変数のことを**説明変数**と呼ぶ。

重回帰分析では，説明変数どうしに相関の高いものがあるのは好ましくない。そこでまず，説明変数どうしに強い相関がないことを確認する。あわせて目的変数との関係の強さも確認できる。そのコマンドと結果を**図2.17**に示す。

```
> round(cor(beer_data),4)   #小数点以下4桁表示
                気温_度 来客人数_人 ビールの売上_円
気温_度          1.0000      0.6779          0.7312
来客人数_人      0.6779      1.0000          0.7179
ビールの売上_円  0.7312      0.7179          1.0000
> plot(beer_data)   #散布図行列
```

図2.17　変数どうしの相関

さらに，変数の各組合せの散布図を求めた**散布図行列**が**図2.18**である。この結果から，気温と来客人数のそれぞれがビール売上に関係があることが確認できる。一方，説明変数どうしである気温と来客人数の間にも関係が見られる。そのことを理解したうえで分析を続ける。

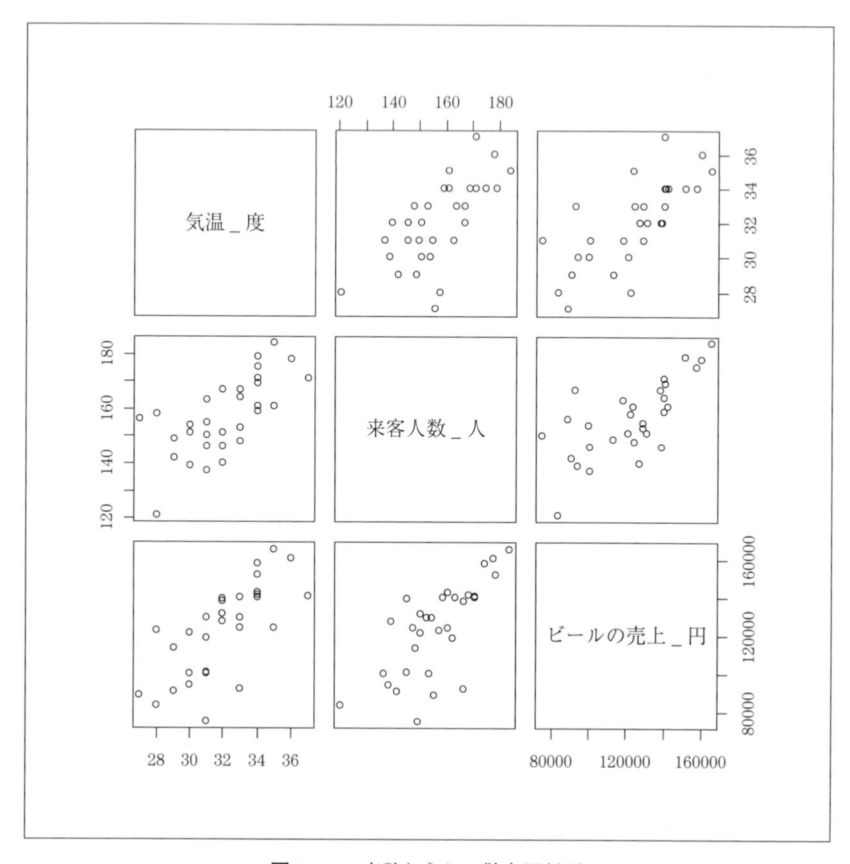

図 2.18　変数どうしの散布図行列

散布図行列は

>pairs(beer_data[1:3])

でも求められる。

つぎに，目的変数を「ビールの売上」，説明変数を「気温」と「来客人数」として重回帰分析を行う。重回帰分析は関数 lm で実行できる。それを**図 2.19** に示す。

重回帰分析のコマンドは以下のとおりである。

>beer_data.lm<-lm(ビールの売上_円~気温_度 + 来客人数_人 ,data=beer_data)

```
> beer_data.lm <- lm(ビールの売上_円~気温_度+来客人数_人,data=beer_data)
> #もしくは，以下のように説明変数を省略可能
> beer_data.lm <- lm(ビールの売上_円~.,data=beer_data)
> beer_data.lm

Call:
lm(formula = ビールの売上_円 ~ ., data = beer_data)

Coefficients:
(Intercept)       気温_度   来客人数_人
  -129131.7        4437.8         702.2
```

図 2.19　重回帰分析の結果

この場合の重回帰モデルは

$$ビールの売上 = b_0 + b_1 \times 気温 + b_2 \times 来客人数$$

となる。b_0，b_1，b_2 は偏回帰係数である。この値は図 2.19 の中の Coefficients である。したがって，予測式はつぎのようになる。

$$ビールの売上〔円〕= -129131.7 + 4437.8 \times 気温 + 702.2 \times 来客人数$$

例えば，7 月のある日の気温が 28 度で，121 人の来店があったと仮定する。その場合の予測売上は

$$ビールの売上 = -129131.7 + 4437.8 \times 28〔気温〕+ 702.2 \times 121〔来客人数〕$$
$$= 80092.9〔円〕$$

となる。なお，実際の値は，83231 円である。

（注：R により計算した予測値とは使用した数値の有効数字により若干異なる）

この予測の評価などをまとめた要約を**図 2.20** に示す。

図 2.20 の各項目は 2.5 節でも説明したものである。t 値（t value）は各偏回帰係数がモデル式の中で意味があるかどうかを表すものであるが，どちらも大きな値であるので有意であることがわかる。t 値が大きくなると p 値（p-value）は小さくなる。また，予測値と実測値の一致度合いを測るものが決定係数である。それが，決定係数（Multiple R-squared）である。この場合は 0.626 となり，0.5 以上であることから，予測式として使えそうである。用いるデータが少ない場合や他のモデルと比較する場合は，調整済み決定係数（Adjusted

```
> summary(beer_data.lm)

Call:
lm(formula = ビールの売上_円 ~ ., data = beer_data)

Residuals:
   Min     1Q Median     3Q    Max
-42189  -8079   4257   9403  23603

Coefficients:
             Estimate Std. Error t value Pr(>|t|)
(Intercept) -129131.7    37426.2  -3.450  0.00179 **
気温_度        4437.8     1542.1   2.878  0.00758 **
来客人数_人     702.2      268.4   2.616  0.01417 *
---
Signif. codes:  0 '***' 0.001 '**' 0.01 '*' 0.05 '.' 0.1 ' ' 1

Residual standard error: 15170 on 28 degrees of freedom
Multiple R-squared:  0.626,     Adjusted R-squared:  0.5993
F-statistic: 23.44 on 2 and 28 DF,  p-value: 1.046e-06
```

図 2.20　重回帰モデルの要約

R-squared）が用いられる[(4)]。この値も 0.599 と十分大きな値である。また，F 値（F-statistic）が十分大きいことから，予測モデル式としてよさそうであることがわかる。

〔3〕 重回帰モデルの検討　求めた重回帰モデルがどれだけ使えそうかを判断するためには，予測値と実測値の一致度合いを見ることがわかりやすいであろう。予測値とは，重回帰モデルに説明変数のデータを当てはめた結果である。予測値を求めるためには

```
>predict( 重回帰分析結果 )
```

で実行できる。また，予測値と観測値の差（実測値－予測値）である残差は

```
>residuals( 重回帰分析結果 )
```

により求めることができる（**図 2.21**）。

```
> predict(beer_data.lm) #予測値
   7月1日     7月2日     7月3日     7月4日     7月5日     7月6日     7月7日
 80090.82 113767.60 134580.35 112138.58 139242.78 155140.22 122896.04
   7月8日     7月9日    7月10日    7月11日    7月12日    7月13日    7月14日
106071.77 104189.86 130142.57 117278.54 147444.39 144635.63 110032.01
  7月15日    7月16日    7月17日    7月18日    7月19日    7月20日    7月21日
100229.62 121238.79 141826.88 101605.76 155393.10 133400.63 115396.63
  7月22日    7月23日    7月24日    7月25日    7月26日    7月27日    7月28日
155617.76 134805.01 111183.50 124749.72 104639.16  99274.54 118907.57
  7月29日    7月30日    7月31日
140422.51 110958.85 132473.79

> residuals(beer_data.lm) #残差
      7月1日       7月2日       7月3日       7月4日       7月5日       7月6日
  3140.1796 -38766.6032 -42189.3536 -12017.5757 -15592.7842 -14910.2198
      7月7日       7月8日       7月9日      7月10日      7月11日      7月12日
 -4573.0448  16443.2305   9008.1421   7757.4252  11991.4577   4256.6139
     7月13日      7月14日      7月15日      7月16日      7月17日      7月18日
 13042.3652  10985.9877 -11538.6151   2852.2149  -1816.8836  -7796.7585
     7月19日      7月20日      7月21日      7月22日      7月23日      7月24日
  9796.8961   6686.3702  23603.3693   4502.2442   7502.9946  16047.4961
     7月25日      7月26日      7月27日      7月28日      7月29日      7月30日
  4339.2758  -4427.1617  -8361.5432  12083.4302    492.4921 -10144.8520
     7月31日
  7603.2099
```

図 2.21　予測値および残差一覧

```
> y<-predict(beer_data.lm)   #モデルを使った予測値
> x<-beer_data[,3]   #データからの実測値
> plot(y,x,xlab="実測値",ylab="予測値")   #実測値と予測値の散布図
> abline(lm(y~x))   #散布図に直線の当てはめ
```

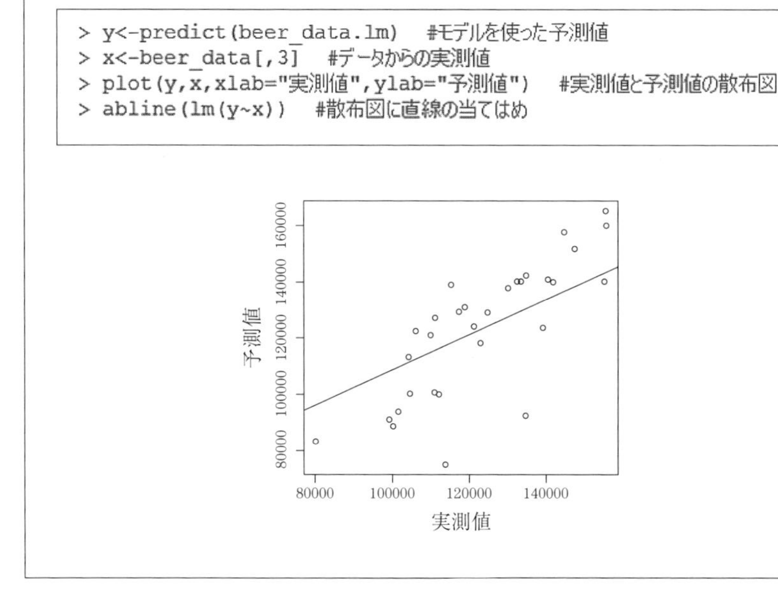

図 2.22　実測値と予測値の散布図の実行

さらに，結果はグラフで見たほうがわかりやすい。そこで，実測値と予測値を求めて，それをプロットするコマンドとプロット結果を**図 2.22** に示す。

【例題 2.1】

A 町の人口が 5 万人，B 町の人口が 3 万人，さらに，A 町から 6 km で B 町から 4 km のところにある消費者がいるとしたとき，Reilly の法則に基づいて T_a/T_b を求め，A 町への吸引率を求めてみよう。

［**解答例**］ 2.2 節の式に該当するする数字を代入して

$$\frac{T_a}{T_b}=\left(\frac{5}{3}\right)\times\left(\frac{4}{6}\right)^2=0.741$$

$$\text{A 町への吸引率}=\frac{T_a/T_b}{1+T_a/T_b}=\frac{0.741}{1+0.741}=0.426$$

となる。A 町への距離のわりには，A 町に行く確率が高いことがわかる。

【例題 2.2】

A 店の面積が 400 m²，B 店の面積が 300 m²，さらに，i 地点から A 店までの T_a が 6 km，同じく i 地点から B 店までの T_b が 4 km であるとしたとき，Huff モデルに基づいて i 地点から A 店舗に買い物に行く割合 P_{ia} を求めてみよう。ただし，$\lambda=2$ とする。

［**解答例**］ 2.2 節の解説に従って求めることにする。i 地点から A 店舗に買い物に行く割合 P_{ia} は次式のように求められる。

$$P_{ia}=\frac{400/6^2}{400/6^2+300/4^2}=0.372$$

【例題 2.3】

表 2.3 の「例題 2.3_23 区データ主成分分析用 .csv」を用いて，23 区の特徴

表 2.3 例題 2.3_23 区データ主成分分析用 .csv

23 区	世帯数〔世帯〕	人口〔人〕	就業者総数〔人〕	昼間人口〔人〕	平均所得〔万円〕	人口密度〔人 /km^2〕	毎月人口増減〔人〕
千代田区	31847	54160	20512	855172	915	4886	248
中央区	79418	132610	41252	648366	617	13565	896
港区	137180	235337	81311	837658	1111	11828	440
新宿区	204483	324082	145162	798611	520	17977	2076
文京区	112806	204258	93544	342603	587	18339	725
台東区	109735	187792	84967	317700	410	18829	509
⋮	⋮	⋮	⋮	⋮	⋮	⋮	⋮
荒川区	108564	207635	96547	176358	363	20499	673
足立区	324120	670385	314525	535321	335	12671	1626
墨田区	139014	254627	121962	257972	370	18794	1201
江東区	249102	487142	206559	454680	421	12352	660
葛飾区	217836	448186	220958	345365	342	12903	707
江戸川区	322827	676116	322320	502598	357	13643	1506

を主成分分析により分析してみよう。

［**解答例**］

（**1**） **データの読み込み**　マーケティングでは，出店予定の店舗地域がどのような特徴があるのかを知るのは重要である。実際にはここで取り上げた変数のほかにも検討するべきものはあるが，まずはこの 23 区のデータを用いて主成分分析で特徴の抽出方法について学ぶことにしよう。データの読み込みはこれまでどおりである。取り込む変数名は，「reidai2.3」とした（**図 2.23**）。

```
> reidai2.3 <- read.csv("例題2.3_23区データ主成分分析用.csv",header=T,row.names=1)
> head(reidai2.3)
          世帯数_.世帯. 人口_.人. 就業者総数_.人. 昼間人口_.人.
千代田区         31847     54160          20512        855172
中央区           79418    132610          41252        648366
港区            137180    235337          81311        837658
新宿区          204483    324082         145162        798611
文京区          112806    204258          93544        342603
台東区          109735    187792          84967        317700
          平均所得_.万円. 人口密度_.人.km2. 毎月人口増減_.人.
千代田区              915              4886              248
中央区                617             13565              896
港区                 1111             11828              440
新宿区                520             17977             2076
文京区                587             18339              725
台東区                410             18829              509
```

図 2.23 データの読み込み

(2) 主成分分析を実行　このデータで扱う変数の数は七つであるため，最大で七つの主成分まで定義することができる。それが，何番目までの主成分でこの 23 区の特徴を十分に説明できるのだろうか。

主成分分析の実行結果は**図 2.24** のようになった。さらに，主成分分析の要約として，**図 2.25** に主成分の寄与率を示す。累積寄与率から，第 2 主成分までの累積で 80％以上あるので十分であろう。

```
> prcom <-prcomp(reidai2.3,scale=TRUE)
> prcom
Standard deviations (1, .., p=7):
[1] 1.95384809 1.47515441 0.78052864 0.57052552 0.25231799 0.07172290
[7] 0.05351831

Rotation (n x k) = (7 x 7):
                           PC1         PC2         PC3          PC4
世帯数_.世帯.       0.497827048 -0.07747306 -0.12393907  0.295153362
人口_.人.           0.498235628 -0.08215968 -0.19876641  0.177508850
就業者総数_.人.     0.499079654 -0.04438727 -0.22861892  0.173136077
昼間人口_.人.       0.033304019 -0.63688465  0.37473444  0.003054968
平均所得_.万円.    -0.295081897 -0.48581609  0.09514752  0.636436790
人口密度_.人.km2.  -0.003375948  0.58444931  0.48122954  0.584472196
毎月人口増減_.人.   0.408234133 -0.04535583  0.71540450 -0.323620351
                          PC5          PC6         PC7
世帯数_.世帯.      -0.14357751  0.103373115  0.78255303
人口_.人.           0.08446833  0.650303898 -0.49392662
就業者総数_.人.     0.02784397 -0.751081843 -0.31907262
昼間人口_.人.      -0.65704428 -0.016606722 -0.14439735
平均所得_.万円.     0.51118743 -0.036289039  0.01323163
人口密度_.人.km2.  -0.26050497 -0.002233014 -0.13172001
毎月人口増減_.人.   0.45890381 -0.026405297  0.05885635
```

図 2.24　主成分の標準偏差と固有ベクトル

```
> summary(prcom)
Importance of components:
                          PC1    PC2     PC3    PC4     PC5     PC6     PC7
Standard deviation     1.9538 1.4752 0.78053 0.5705 0.25232 0.07172 0.05352
Proportion of Variance 0.5454 0.3109 0.08703 0.0465 0.00909 0.00073 0.00041
Cumulative Proportion  0.5454 0.8562 0.94326 0.9898 0.99886 0.99959 1.00000
```

図 2.25　主成分分析の要約

つぎに，どのようなサンプルが似ているのかを判断するうえで主成分得点を求める。第 2 主成分までの寄与率が 86％あるので，第 1 主成分と第 2 主成分の主成分得点をプロットしたものを**図 2.26** に示す。

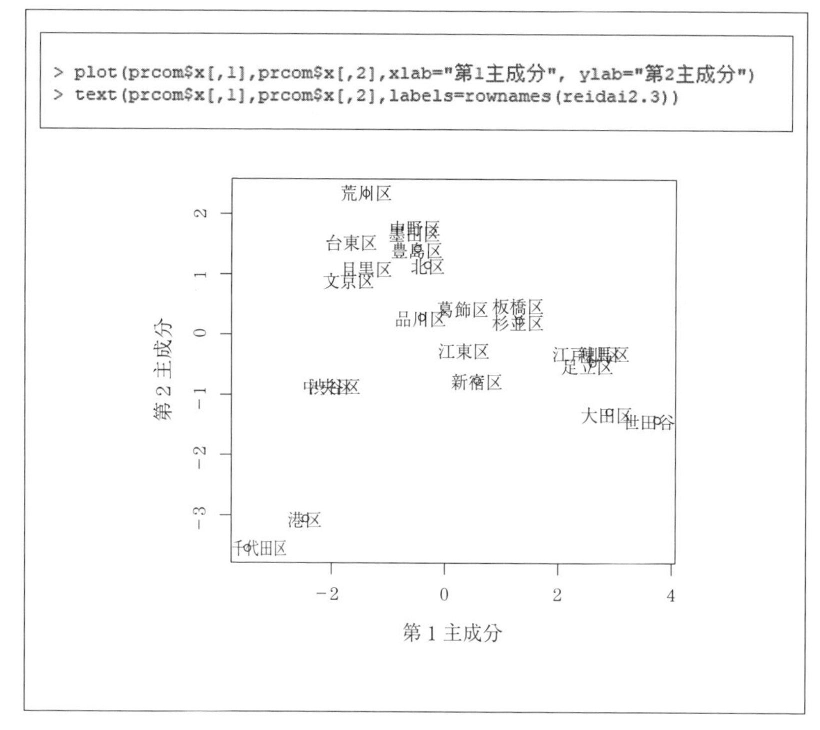

図 2.26 主成分得点と散布図

これによると，千代田区と港区，世田谷区と大田区，練馬区と足立区と江戸川区，中央区と渋谷区，中野区と墨田区，などがそれぞれ似たような特徴があると判断される。

(3) 結果を解釈 図 2.26 の散布図から，得点の傾向が近いものがどの区であるかがわかった。今度はそれらのグループがどのような特徴をもつのかを解釈する必要がある。そのために因子負荷量を用いて解釈することにする。**図 2.27** に因子負荷量の計算結果とその散布図を示す。

(4) 考 察 図 2.25 の累積寄与率から，第 2 主成分までで 85％以上あることから，第 1 主成分と第 2 主成分で解釈してよさそうである。図 2.27 はその第 1 主成分と第 2 主成分と変数の関係を示している。これによると，第 1 主成分は，世帯数や人口が多いと主成分の値は正で大きな値になり，反対に平

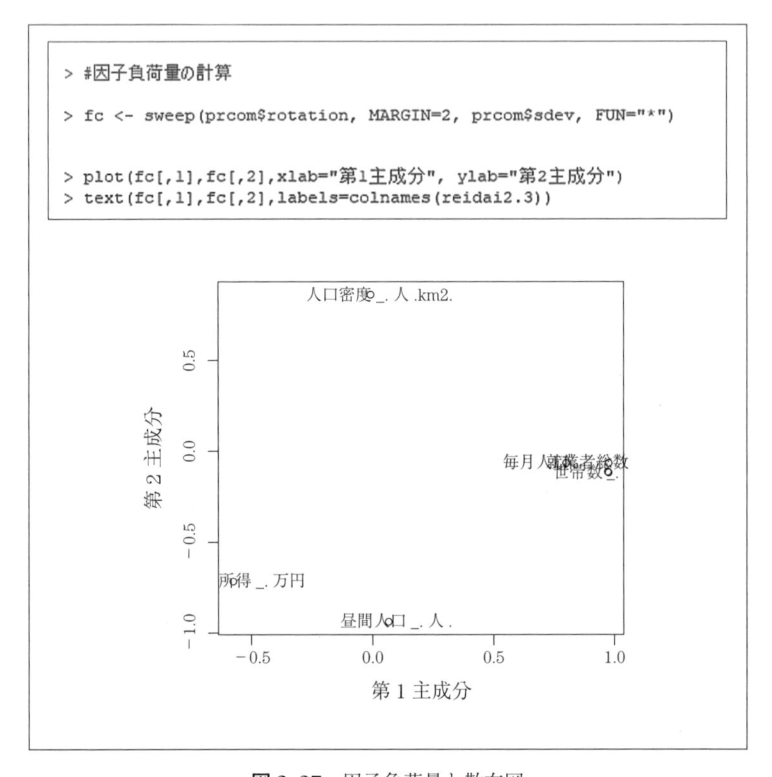

図 2.27　因子負荷量と散布図

均所得が高くなると負となり値が大きくなる傾向がある。一方, 第 2 主成分は, 人口密度は高いと主成分の値は正に大きく，昼間人口が多くなると負で関係している。つまり，第 2 主成分はドーナッツ化地域の尺度といえる。さらに，図 2.26 により特徴が近いと判断されたグループには以下のように考えられる。

・千代田区，港区：世帯数や人口は少ないが所得水準は高く，昼の人口が多い。

・世田谷区，大田区：世帯数や人口が多く，平均所得はそれほど高くない。ただし，区の面積が広く，第 1 次産業が多いことは考慮する必要はある。

・練馬区，足立区，江戸川：世田谷区や太田区に準じて，世帯数や人口が多く，平均所得はそれほど高くない。

・中央区，渋谷区：平均所得が比較的高く，昼間の人口は多いほうである。
・中野区，墨田区：人口密度が高いことが特徴である。

【例題 2.4】

表 2.4 の「例題2.4_23区データ重回帰分析用.csv」を用いて23区の「飲食店数」を予測するモデルを重回帰分析により作成してみよう。

表 2.4　例題2.4_23区データ重回帰分析用.csv

23区	飲食店数〔店〕	世帯数〔世帯〕	人　口〔人〕	就業者総数〔人〕	昼間人口〔人〕	平均所得〔万円〕	人口密度〔人/km^2〕	毎月人口増減〔人〕
千代田区	3046	31847	54160	20512	855172	915	4886	248
中央区	3503	79418	132610	41252	648366	617	13565	896
港区	3864	137180	235337	81311	837658	1111	11828	440
新宿区	3713	204483	324082	145162	798611	520	17977	2076
文京区	1269	112806	204258	93544	342603	587	18339	725
台東区	2402	109735	187792	84967	317700	410	18829	509
⋮	⋮	⋮	⋮	⋮	⋮	⋮	⋮	⋮
荒川区	978	108564	207635	96547	176358	363	20499	673
足立区	2037	324120	670385	314525	535321	335	12671	1626
墨田区	1375	139014	254627	121962	257972	370	18794	1201
江東区	1632	249102	487142	206559	454680	421	12352	660
葛飾区	1519	217836	448186	220958	345365	342	12903	707
江戸川区	1740	322827	676116	322320	502598	357	13643	1506

［**解答例**］

（1）　データの読み込みと相関係数　例題2.3のデータに23区の情報として飲食店数を加えた。飲食店出店は地域の特徴と密接な関係があると考えられる。データの読み込みはこれまでどおりである。取り込む変数名は，「reidai2.4」とした（**図 2.28**）。

つぎに，変数間の相関行列を求める。そのコマンドと結果が**図 2.29** である。目的変数である，「飲食店数」と相関の高いものが説明変数の候補となる。また，説明変数候補のたがいの相関係数の大きいものに対しては対処が必要である。

```
> reidai2.4 <- read.csv("例題2.4_23区データ重回帰分析用.csv",header=T,row.names=1)
> head(reidai2.4)
          飲食店数_店 世帯数_世帯 人口_人 就業者総数_人 昼間人口_人
千代田区         3046       31847   54160         20512      855172
中央区           3503       79418  132610         41252      648366
港区             3864      137180  235337         81311      837658
新宿区           3713      204483  324082        145162      798611
文京区           1269      112806  204258         93544      342603
台東区           2402      109735  187792         84967      317700
          平均所得_万円 人口密度_人.km2 毎月人口増減_人
千代田区           915            4886             248
中央区             617           13565             896
港区              1111           11828             440
新宿区             520           17977            2076
文京区             587           18339             725
台東区             410           18829             509
```

図 2.28　例題 2.4_23 区データの読み込み

```
> round(cor(reidai2.4),4)
                飲食店数_店 世帯数_世帯 人口_人 就業者総数_人 昼間人口_人
飲食店数_店          1.0000     -0.0991 -0.1396       -0.1925      0.8806
世帯数_世帯         -0.0991      1.0000  0.9913        0.9885      0.1483
人口_人             -0.1396      0.9913  1.0000        0.9930      0.1286
就業者総数_人       -0.1925      0.9885  0.9930        1.0000      0.0720
昼間人口_人          0.8806      0.1483  0.1286        0.0720      1.0000
平均所得_万円        0.6648     -0.4296 -0.4465       -0.4916      0.6368
人口密度_人.km2     -0.4668     -0.0830 -0.1366       -0.0973     -0.6890
毎月人口増減_人      0.1311      0.6943  0.6815        0.6652      0.2585
                平均所得_万円 人口密度_人.km2 毎月人口増減_人
飲食店数_店            0.6648         -0.4668          0.1311
世帯数_世帯           -0.4296         -0.0830          0.6943
人口_人               -0.4465         -0.1366          0.6815
就業者総数_人         -0.4916         -0.0973          0.6652
昼間人口_人            0.6368         -0.6890          0.2585
平均所得_万円          1.0000         -0.4736         -0.4225
人口密度_人.km2       -0.4736          1.0000          0.0776
毎月人口増減_人       -0.4225          0.0776          1.0000
> pairs(reidai2.4 [1:8])
```

図 2.29　変数間の相関行列

(2)　重回帰分析を実行　　手法の使い方を紹介するために，まずはすべての変数を用いて重回帰分析を実行した。その結果，偏相関係数や t 値が求められた。このモデルは，決定係数が 0.88，また調整済み決定係数が 0.82 と，どちらも高い値を示している（**図 2.30**）。

(3)　重回帰モデルの妥当性の検討および考察　　まず，図 2.30 において，説明変数の中にたがいに相関の高い，世帯数や人口そして就業者総数がある。

```
> reidai2.4.lm <- lm(飲食店数_店~.,data= reidai2.4)
> summary(reidai2.4.lm)

Call:
lm(formula = 飲食店数_店 ~ ., data = reidai2.4)

Residuals:
    Min      1Q  Median      3Q     Max
-448.37 -207.82  -13.51  202.14  679.50

Coefficients:
                  Estimate Std. Error t value Pr(>|t|)
(Intercept)      2.212e+02  1.173e+03   0.189   0.8529
世帯数_世帯      8.796e-03  1.020e-02   0.863   0.4020
人口_人         -1.929e-03  4.373e-03  -0.441   0.6654
就業者総数_人   -7.127e-03  8.333e-03  -0.855   0.4059
昼間人口_人      4.145e-03  1.457e-03   2.846   0.0123 *
平均所得_万円   -4.335e-01  9.078e-01  -0.477   0.6399
人口密度_人.km2  1.919e-02  5.872e-02   0.327   0.7483
毎月人口増減_人  6.600e-03  3.572e-01   0.018   0.9855
---
Signif. codes:  0 '***' 0.001 '**' 0.01 '*' 0.05 '.' 0.1 ' ' 1

Residual standard error: 346.1 on 15 degrees of freedom
Multiple R-squared:  0.8806,    Adjusted R-squared:  0.8248
F-statistic:  15.8 on 7 and 15 DF,  p-value: 7.055e-06
```

図 2.30 例題 2.4 の重回帰モデルの要約

```
> predict(reidai2.4.lm)
千代田区   中央区     港区   新宿区   文京区   台東区   渋谷区   豊島区
3494.365 3056.358 3614.923 3803.741 1675.148 1722.500 2447.841 2181.058
  品川区   目黒区   大田区 世田谷区   中野区   杉並区   板橋区   練馬区
2148.497 1317.564 2388.170 2631.778 1389.082 1825.841 1976.747 1846.894
    北区   荒川区   足立区   墨田区   江東区   葛飾区 江戸川区
1427.512 1058.994 1864.875 1361.073 1943.970 1233.495 1659.572
> residuals(reidai2.4.lm)
  千代田区     中央区       港区     新宿区     文京区     台東区     渋谷区
-448.36517  446.64169  249.07671  -90.74141 -406.14790  679.50007  286.15861
    豊島区     品川区     目黒区     大田区   世田谷区     中野区     杉並区
-262.05768 -389.49729 -136.56437  116.82961   22.22181  -29.08247  232.15936
    板橋区     練馬区       北区     荒川区     足立区     墨田区     江東区
-178.74693 -236.89433  -13.51217  -80.99358  172.12545   13.92728 -311.97026
    葛飾区   江戸川区
 285.50542   80.42753
```

図 2.31 予測値および残差一覧

これらの扱いに関しては検討が必要である。今回すべての説明変数を用いた場合の予測値と残差，それに実測値と予測値の散布図を求めた。それが，**図 2.31** と**図 2.32** である。決定係数が高かったことがこの散布図からもわかる。

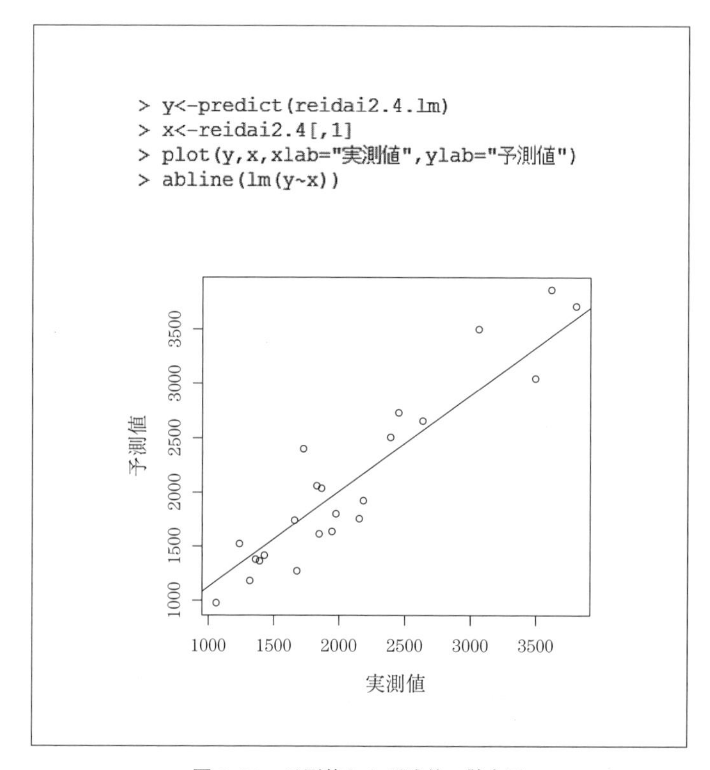

図 2.32　予測値および残差の散布図

演 習 課 題

【2.1】　売上額を予測するためには，地域の特徴を知ることが重要である。そのために「課題 2.1_ 年間売上データ多変数 .csv」のデータを用いて主成分分析を行いなさい。

【2.2】　1 章の「課題 1.2_ 年間売上データ多変数 .csv」と「課題 2.1」は同じ店舗のデータである。「課題 1.2」の売上額と「課題 2.1」の主成分分析の結果を用いて主成分回

帰モデルを構築しなさい。そしてモデルの妥当性を検討するとともに，地域の特徴にどのようなことが見られたかを考察しなさい。さらに予測の精度を上げる工夫を説明しなさい。

【2.3】 飲食店数は客数が得られなければ存続ができないはずである。そのため，飲食店数はその地域の人口などとバランスが取れているかもしれない。「課題 2.3_23 区データ（飲食店数）.csv」のデータを用いて，23 区の飲食店数の予測数モデルを構築しなさい。そのために，23 区の特徴を求める主成分分析を行いなさい。

3．店頭マーケティング（セールスプロモーション）

［**ポイント**］　商品の企画から販売戦略までの総合的なマーケティング活動は企業にとって重要な課題である。本章では販売促進活動のための顧客情報や POS データの分析方法を紹介する。

顧客の購買欲求や流通業者の販売意欲を向上させるために行う販売促進活動は重要である(8)。これらの店頭での活動は**店頭マーケティング**と呼ばれていた。しかし，この名称は商品陳列のイメージが強い。現在はより広範な活動を行っているため，**セールスプロモーション**（sales promotion）という呼び方をしている。セールスプロモーションには，顧客に向けたもののほかにも，流通業者向けのものや社内の担当者向けのものもあるが，総じて商品の販売を促す短期的な動機付けのことをいう。具体的には景品，おまけ，クーポン，イベント，ポイントカードなどがある。これらの方法は，マス媒体の広告などとくらべるとターゲットとなる顧客への限定的な手法や方法である。そのため購買行動に直接的に働きかけることができるために即効性は高いといわれている。

セールスプロモーションの一般的な方法として，最近は顧客情報を含んだ顧客 ID 付き POS データを用いた顧客のセグメント化が試みられている。これに加えて顧客の価値観（顧客価値）や地域の特性が考慮されるようになってきている。そこで本章では，消費者行動の基となる価値観の分析と消費者の分類とその解釈について学習する。さらに，購買商品の傾向を把握して顧客再来店の施策に用いるためのモデル構築についても紹介する。扱うデータは，まず価値観に関するアンケート調査データや購買傾向把握のための顧客 ID 付き POS データに加え，地域情報（GIS データ）とする。そして，それらのデータを用いて購買分析を行い，価値観や地域特性を考慮した販売戦略につなげる提案を行う一連の手法を紹介する。

3.1 購買行動と価値観

そもそも，マーケティングでいうマーケットあるいは市場とは何なのか。理解しやすいのは，買い手と売り手が取引する場所と考えればよい。小売業では，もう少し広くとらえて，潜在顧客の需要までを意味している。そして，商品やサービスの潜在的な総需要と商品やサービスの流れを管理する経営活動の場と考えている。またこの市場とかかわり，管理しようとする人のことを**マーケター**という。詳しくいえば，マーケターはマーケティング理論や調査に関する専門的な知識をもつマーケティング戦略立案者のことである。しかし，マーケターはすべての顧客を満足させることはできない。そのため企業は，すべての顧客を満足させることは考えずにさまざまな観点から市場を細分化して，その対象とする顧客への提供物を検討する。

マーケティングの対象について，コトラーとケラーはつぎの10種類を挙げている[(9)]。

① **財**　有形財のこと。物質的・精神的に何らかの効用をもっているもののことである。

② **サービス**　財と同様の効用をもち，無形なもの。（例）航空会社，ホテル，整備業などや，医師，弁護士，エンジニアなどの専門の仕事。

③ **経　験**　財やサービスを組み合わせたもののこと。（例）テーマパーク，遊園地など。

④ **イベント**　期間限定の催し物のこと。（例）オリンピック，トレードショー，スポーツイベント，芸術祭など。

⑤ **人**　著名人などのマーケティングのこと。（例）芸術家，企業のCEOや医師，タレント，注目を浴びる弁護士など。

⑥ **場　所**　場所，市，州，地域，あるいは国などのこと。（例）市町村，観光地など。

⑦ **資　産**　不動産や金融資産の所有権という権利のこと。（例）土地，

株式，債券など。

⑧ **組　織**　人々が集まり，目的を達成する共同体のこと。（例）企業，教育機関，財団など。

⑨ **情　報**　さまざまな知識財のこと。（例）百科事典，CD，インターネットのWebサイト。

⑩ **アイデア**　新しいものを作り出す考え方や仕組みづくりのこと。

企業はこれらについて販売戦略を考えることになる。一方，顧客は，何かしらの価値を求めて購買行動を起こすわけである。その顧客が感じる価値とは何であろうか。製品はイメージや便利さなどの価値をもっている。顧客はそれを獲得するために時間や金銭を費やす。コトラーは，前者を**総顧客価値**と呼び，後者を**総顧客コスト**として，両者の差を顧客受け取り価値としている(1)。一般に，この価値のことを**顧客価値**と呼び，つぎのように定義される。

顧客価値＝総顧客価値－総顧客コスト

ここで

総顧客価値：イメージ価値，従業員価値，サービス価値，製品価値。

総顧客コスト：心理的コスト，エネルギーコスト，時間的コスト，金銭的コスト。

企業が戦略を立てるためには，この**顧客満足**（**CS**：Customer Satisfaction）と，この顧客価値を考慮して購買行動のモデルを構築することは重要である。顧客満足とは，「ある製品における知覚された成果（あるいは結果）と購買者の期待との比較から生じる喜び，あるいは一致している度合い」のことである(1)。

3.2　主成分分析による消費者価値観の分析

消費者へのプロモーションを効果的に進めるためには，消費者がそもそもどのような考えをもっているのかを知ることは重要である。ここで，消費者が購買の際にもっている考えを**価値観**と呼ぶことにする。その把握について例を用いて考えてみよう。

例 3.1 **表 3.1** の「例 3.1_ 消費価値観データ .csv」は，消費者が購買する際に考えている価値観を 100 人に調査した一部である。このデータを用いて消費者価値観を分析してみよう。分析手法は先に説明した主成分分析を用いることにした。なお, アンケートの項目を表 3.1（1）に, その回答を表 3.1（2）に示した。

表 3.1（1） 例 3.1_ 消費価値観データ .csv（アンケート項目）

変数名	ラベル	0	1
Q01	価格が品質に見合っているか気になる	ない	ある
Q02	ブランドや有名メーカの商品を好む	ない	ある
Q03	使いやすさよりも色やデザインを重視	ない	ある
Q04	値段より利便性を重視	ない	ある
Q05	周りの人がもっていると気になる	ない	ある
Q06	人と違う個性的なものを好む	ない	ある
Q07	長く使えるものを好む	ない	ある
Q08	環境保護に配慮する	ない	ある
Q09	中古製品やリサイクル品をよく買う	ない	ある
Q10	商品を買う前にいろいろ情報を集める	ない	ある
Q11	商品や店舗に関する情報をよく人に話す	ない	ある

表 3.1（2） 例 3.1_ 消費価値観データ .csv（アンケート回答）

SampleID	Q01	Q02	Q03	Q04	Q05	Q06	Q07	Q08	Q09	Q10	Q11
1	1	0	0	0	0	0	0	0	0	1	0
2	0	0	0	0	0	0	1	0	0	0	0
3	0	0	1	1	0	0	0	0	0	0	0
4	0	0	0	0	0	0	0	0	0	0	0
5	0	0	0	0	0	0	0	0	1	0	0
6	0	0	0	1	0	0	1	0	0	1	0
7	1	0	0	0	0	0	0	0	0	1	0
8	1	1	1	1	1	0	1	1	0	0	1
9	0	0	0	0	0	1	0	0	0	1	0
10	0	0	0	0	0	0	1	0	0	0	0
⋮	⋮	⋮	⋮	⋮	⋮	⋮	⋮	⋮	⋮	⋮	⋮
92	0	0	1	0	0	1	1	0	1	1	0
93	1	1	0	1	0	0	1	0	0	1	0
94	1	0	0	0	0	0	0	0	0	0	0
95	1	0	0	0	0	0	1	0	1	1	0
96	0	0	1	0	0	0	0	0	1	1	0
97	1	0	0	0	0	0	1	0	0	1	0
98	1	0	0	0	0	0	1	0	0	0	0
99	0	0	0	0	0	0	0	0	0	0	0
100	0	0	0	0	0	0	1	0	0	0	0

〔**1**〕 **データの読み込み**　表3.1（1）の11項目のアンケートに対して100人に回答してもらった。これは購買に関して日頃の考え方を知るためのものである。各項目に対し100人回答結果を変数「data_3.1」に読み込んでいる（**図3.1**）。

```
> data_3.1<-read.csv("例3.1_消費価値観データ.csv",header=T,row.names=1)
> head(data_3.1)
  Q01 Q02 Q03 Q04 Q05 Q06 Q07 Q08 Q09 Q10 Q11
1   1   0   0   0   0   0   0   0   0   1   0
2   0   0   0   0   0   0   1   0   0   0   0
3   0   0   1   1   0   0   0   0   0   0   0
4   0   0   0   0   0   0   0   0   0   0   0
5   0   0   0   0   0   0   0   0   1   0   0
6   0   0   0   1   0   0   1   0   0   1   0
```

図3.1　「例3.1_消費価値観.csv」のデータ

〔**2**〕 **主成分分析の実行**　11項目の変数の統合を試みた結果，**図3.2**に示すように累積寄与率が80％近くに達するのは第6あるいは第7主成分まで必要となりそうである。

```
> prcom <-prcomp(data_3.1,scale=TRUE)
> #主成分分析__(scale=TRUEは標準化して主成分分析を行う(相関行列で解く))
> summary(prcom)
Importance of components:
                          PC1    PC2    PC3    PC4    PC5     PC6     PC7
Standard deviation     1.5373 1.2569 1.1255 1.0685 1.0544 0.90886 0.83913
Proportion of Variance 0.2149 0.1436 0.1152 0.1038 0.1011 0.07509 0.06401
Cumulative Proportion  0.2149 0.3585 0.4736 0.5774 0.6785 0.75357 0.81758
                           PC8     PC9   PC10    PC11
Standard deviation     0.82569 0.70206 0.6870 0.59999
Proportion of Variance 0.06198 0.04481 0.0429 0.03273
Cumulative Proportion  0.87956 0.92437 0.9673 1.00000
> #Standard deviation (標準偏差)  Proportion of Variance (寄与率)
> #Cumulative Proportion (累積寄与率) PC1第1主成分 PC2第2主成分…
```

図3.2　主成分分析の結果

図3.2より累積寄与率が80％を超えるのは第7主成分までであるが，なかでも寄与率が大きいのは第3主成分までである。そこで，各主成分を解釈するために因子負荷量を求め，第3主成分までで**図3.3**のようにプロットした。

```
> #因子負荷量の計算と表示
> fc <- sweep(prcom$rotation, MARGIN=2, prcom$sdev, FUN="*")
> #因子負荷量の関係をプロット
> plot(fc[,1],fc[,2],xlab="第1主成分", ylab="第2主成分")
> text(fc[,1],fc[,2],labels=colnames(data_3.1),pos=1)

> plot(fc[,2],fc[,3],xlab="第2主成分", ylab="第3主成分")
> text(fc[,2],fc[,3],labels=colnames(data_3.1),pos=1)
```

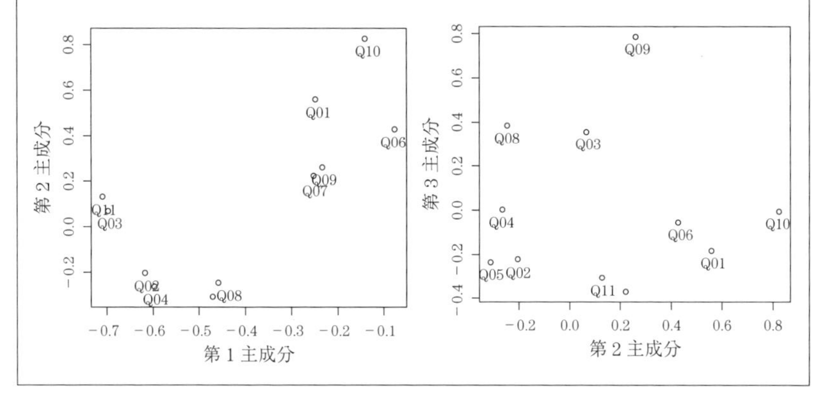

図 3.3 因子負荷量

なお，各プロットに対するデータ番号の表示個所は，pos=i を加えることで指定できる。i の部分には 1～4 の数字を入れ，1 はプロットの下に，2 は左に，3 は上に，4 は右にずらして表示することができる。図 3.3 では，pos=1 とした。

〔3〕 考　　察　累積寄与率から判断すると，少ない主成分の数での説明が難しそうであり，第 6 または第 7 主成分ぐらいまで考える必要がありそうである。しかし，ここでは図 3.3 の因子負荷量から見て第 1 主成分から第 3 主成分まで特徴を検討する。例えば，第 1 主成分の値は，質問 3 と質問 11 の傾向が弱いほど大きくなることから，使いやすさを重視していて，他の人にはあまり商品や店舗に関する情報を話さない傾向があるようである。他の主成分についても同じように検討してまとめると，つぎのようになる。他の主成分の特徴に関しては各自確認されたい。

第１主成分：他人の意見よりも自分を大切にする。

第２主成分：品質を大切にし，情報を収集するほうである。

第３主成分：新品よりも中古品でも構わないほうである。

3.3　クラスター分析による消費者の分類と解釈

つぎに，個人や地域がどのように分類できるかについて例を用いて考えてみよう。分析には**クラスター分析**を用いて説明する。この分類方法は，売れ筋商品や優良企業を知るための企業の分類などにも使える。

例 3.2　**表 3.2** は「例 3.2_ 消費者の分類 _ 結婚観データ .csv」をまとめたものである。このアンケートデータは，26〜30 歳での結婚を希望していた既婚女性（50 名）に対して，各回答者の結婚時期が希望どおりの年齢であったかどうかや，回答者の結婚前の考え方についてなどを，改めて伺ったものである。

このアンケートデータを分析することで，希望どおりの年齢で結婚ができたのかどうかに対して，その時にどのような価値観（結婚観）をもっていたのかを明らかにしたい。そこで，価値観の分類を行うために，手順に従って回答者（一般消費者）のセグメント化を行う。なお, アンケートの項目を表 3.2 (1) に, 回答を表 3.2 (2) に示した。

つぎに，個人や地域がどのように分類できるかについて考えてみる。ここでは, クラスター分析を用いた消費者の分類方法について, 具体例を用いながら, その適用例を説明する。このクラスター分析による分類方法は，売れ筋商品や優良企業を知るための企業の分類などにも使えるものである。

〔**1**〕 **データの読み込み**　　ここではクラスター分析について学習する。まず，表 3.2 (1) は「希望する年齢（26〜30 歳）」で結婚できたか，結婚する際にどのような事柄を重要視するのか，などの 23 の質問項目である。その質問に対して 50 人から表 3.2 (2) の回答を得た。その回答を変数「data_3.2」

表 3.2 (1)　例 3.2_消費者の分類_結婚観調査項目

結婚時期	1	希望どおりの年齢で結婚できた
	0	希望より結婚が遅くなってしまった
希望結婚年齢		結婚を希望する年齢（26～30 歳）
その他の変数	5	とても重視した
	4	重視した
	3	どちらともいえない
	2	あまり重視しなかった
	1	重視しなかった

変数	その他の変数（相手に求めるもの）	変数	その他の変数（相手に求めるもの）
1	収入が高い	13	性格が合う
2	職業・職種	14	フィーリングが合う
3	将来性がある	15	友だちが多い
4	食べ物の好みが合う	16	趣味が合う
5	料理が上手い	17	服などのセンスが良い
6	精神的な強さがある	18	気が合う
7	年齢が近い	19	笑いのツボが似ている
8	資産（不動産や貯金など）が多い	20	健康である
9	実家の経済力がある	21	金銭感覚が似ている
10	外見・ルックスが良い	22	結婚時期
11	体型・スタイルが良い	23	希望結婚年齢
12	色気・フェロモンがある		

表 3.2 (2)　例 3.2_消費者の分類_結婚観データ.csv

サンプル	収入が高い	職業・職種	将来性がある	食べ物の好みが合う	料理が上手い	…	笑いのツボが似ている	健康である	金銭感覚が似ている	結婚時期	希望結婚年齢
1	1	1	1	3	1	…	5	1	1	1	30
2	3	2	3	4	4	…	3	3	4	1	30
3	1	1	2	2	1	…	3	4	2	1	26
4	1	1	3	5	3	…	5	5	5	1	30
5	1	2	2	2	2	…	2	3	4	1	30
6	2	4	1	2	2	…	2	2	2	1	30
7	2	1	2	5	3	…	5	3	5	1	30
8	2	2	4	4	4	…	4	4	4	1	26
9	2	2	2	4	3	…	3	2	2	1	30
10	3	4	5	5	5	…	5	5	4	1	30
⋮	⋮	⋮	⋮	⋮	⋮	⋮	⋮	⋮	⋮	⋮	⋮
46	4	5	3	4	2	…	3	5	4	0	28
47	3	3	4	4	1	…	4	3	4	0	30
48	3	4	4	3	2	…	3	3	4	0	30
49	5	5	5	3	3	…	3	3	4	0	27
50	4	4	4	4	4	…	4	4	4	0	27

```
> data_3.2<- read.csv("例3.2_消費者の分類_結婚観データ.csv",header=T,row.names=1)
> data_3.2
  収入が高い 職業.職種 将来性がある 食べ物の好みが合う 料理が上手い
1          1         1            1                  3            1
2          3         2            3                  4            4
3          1         1            2                  2            1
4          1         1            3                  5            3
5          1         2            2                  2            2
6          2         4            1                  2            2
7          2         1            2                  5            3
```

図 3.4　データの読み込み

に読み込んだ。そのコマンドと表示の一部を**図 3.4** に示す。

〔**2**〕 **クラスター分析による分類**　クラスター分析の詳細な解説については，他の専門書にその解説を譲ることにする。例えば田中[10]や朝野[11]などがある。

R では，結果の格納用の変数を「z」としたとき

> z <- hclust(dist(変数),method=" 距離法 ")

によりクラスター分析を実行する。さらに，その結果をプロットすることにより，**デンドログラム**（**樹形図**）を表示させる。その際，距離法の method に "ward.D2" を指定することで，ウォード法による分析を指定することができる。コマンドとデンドログラムを**図 3.5** に示す。

ここではウォード法を用いたが，一般に使われている距離の求め方としては，single（最近隣法），complete（最遠隣法），average（群平均法），centroid（重心法），median（メディアン法），ward（ウォード法），mcquitty（McQuitty 法）などが挙げられる。

デンドログラムは，サンプルの近さを示す距離が小さい順にまとめて示されている。縦軸がその距離である。図 3.5 の結果を見ると，いくつかの群にまとまっている様子がうかがえる。そのまとまりを**クラスター**と呼び，図上に表示されているカーソル「+」を使ってクラスターを形成することができる。左クリックで区切りたい位置でのクラス分けを行う。クラス分けが終わったら，右クリックで「停止」を選択する。

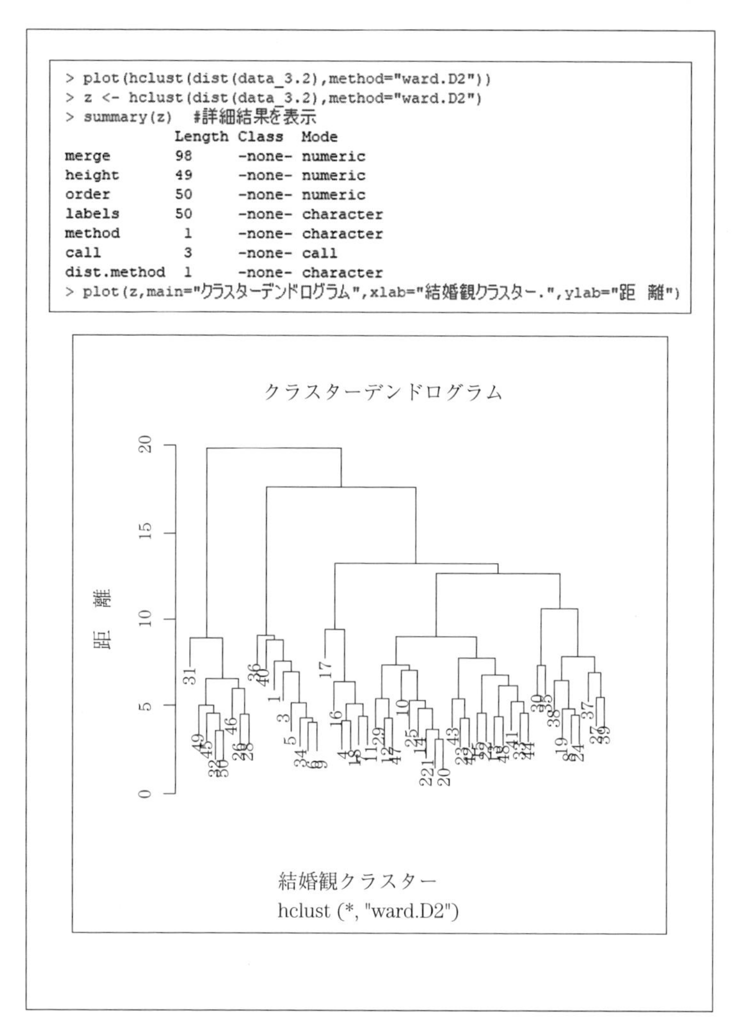

```
> plot(hclust(dist(data_3.2),method="ward.D2"))
> z <- hclust(dist(data_3.2),method="ward.D2")
> summary(z)  #詳細結果を表示
            Length Class  Mode
merge       98     -none- numeric
height      49     -none- numeric
order       50     -none- numeric
labels      50     -none- character
method       1     -none- character
call         3     -none- call
dist.method  1     -none- character
> plot(z,main="クラスターデンドログラム",xlab="結婚観クラスター.",ylab="距　離")
```


図 3.5　クラスター分析の結果

この場合は**図 3.6** のように五つのクラスターにまとめることができた。

クラスターの形成後は，分類されたクラスターごとに意味を解釈する作業に移る。五つに分かれたので，まず各クラスに所属する個体を表示する。そのために，クラスターの結果が格納されている変数「z」を用いて

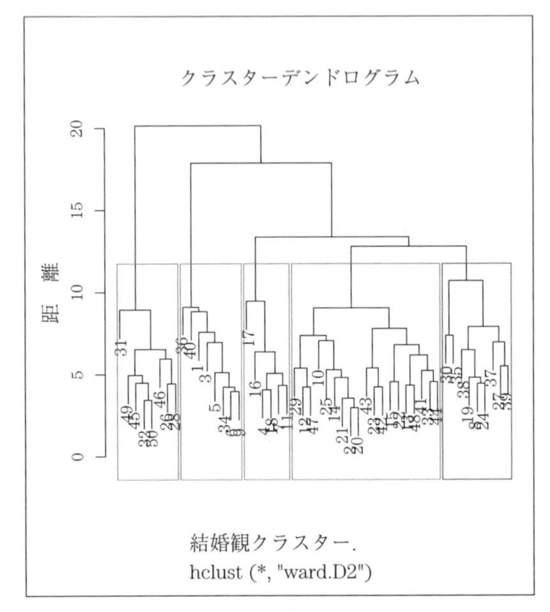

図 3.6　クラスターの指定

```
> y <- identify(z)   #クラスターの分類
> y
[[1]]
26 28 31 32 45 46 49 50
26 28 31 32 45 46 49 50

[[2]]
 1  3  5  6  9 34 36 40
 1  3  5  6  9 34 36 40

[[3]]
 4  7 11 16 17 18
 4  7 11 16 17 18

[[4]]
 2 10 12 13 14 15 20 21 22 23 25 29 33 41 42 43 44 47 48
 2 10 12 13 14 15 20 21 22 23 25 29 33 41 42 43 44 47 48

[[5]]
 8 19 24 27 30 35 37 38 39
 8 19 24 27 30 35 37 38 39
```

図 3.7　各クラスに含まれる個体

```
>y <- identify(z)
```

で,「y」に各クラスターのサンプルが**図 3.7** のようにまとめられた。つぎに,それぞれのクラスターの平均（mean）を

```
>y1 <- identify(z,function(k)apply(data_3.2[k,],2,mean))
```

で求め，同じように標準偏差（sd）も

```
>y2 <- identify(z,function(k)apply(data_3.2[k,],2,sd))
```

でそれぞれ求めることができる。結果をそれぞれ**図 3.8** と**図 3.9** に示す。

〔**3**〕**考　　察**　identify 関数によりサンプルが分類される。さらに分類されたクラスターの平均や標準偏差を比較することで，各クラスターの意味を解釈することができる。およそ以下のようなことがわかる。

```
> y1 <- identify(z,function(k)apply(data_3.2[k,],2,mean))
> #クラスを(+)で指定
> #分類したクラスターごとの平均を導出
> y1
[[1]]
                    収入が高い                      職業.職種                   将来性がある
                         4.500                          4.750                          4.125
              食べ物の好みが合う                   料理が上手い             精神的な強さがある
                         3.875                          3.375                          4.500
     年齢が近い 資産.不動産や貯金など.が多い               実家の経済力がある
                         4.125                          3.625                          3.500
             外見.ルックスが良い          体型.スタイルが良い         色気.フェロモンがある
                         3.875                          3.875                          3.000
                    性格が合う               フィーリングが合う                   友だちが多い
                         4.375                          4.375                          3.250
                    趣味が合う             服などのセンスが良い                       気が合う
                         3.750                          3.625                          4.125
            笑いのツボが似ている                     健康である           金銭感覚が似ている
                         4.000                          4.375                          4.000
                      結婚時期                   希望結婚年齢
                         0.000                         27.250

[[2]]
                    収入が高い                      職業.職種                   将来性がある
                         1.875                          2.125                          1.500
              食べ物の好みが合う                   料理が上手い             精神的な強さがある
                         2.250                          1.625                          1.500
     年齢が近い 資産.不動産や貯金など.が多い               実家の経済力がある
                         1.875                          1.750                          1.750
             外見.ルックスが良い          体型.スタイルが良い         色気.フェロモンがある
                         1.750                          1.750                          1.625
                    性格が合う               フィーリングが合う                   友だちが多い
                         3.875                          4.125                          2.250
                    趣味が合う             服などのセンスが良い                       気が合う
                         2.875                          2.125                          4.500
            笑いのツボが似ている                     健康である           金銭感覚が似ている
                         2.875                          2.875                          2.875
                      結婚時期                   希望結婚年齢
                         0.625                         28.500
```

図 3.8　各クラスターの平均

```
[[3]]
            収入が高い                         職業.職種                     将来性がある
            2.000000                          1.500000                          1.666667
  食べ物の好みが合う                   料理が上手い              精神的な強さがある
            4.333333                          3.833333                          1.666667
            年齢が近い 資産.不動産や貯金など.が多い              実家の経済力がある
            1.666667                          1.833333                          1.000000
  外見.ルックスが良い        体型.スタイルが良い        色気.フェロモンがある
            3.666667                          3.666667                          2.333333
            性格が合う           フィーリングが合う                     友だちが多い
            4.666667                          4.166667                          1.500000
            趣味が合う          服などのセンスが良い                         気が合う
            3.166667                          3.833333                          4.166667
  笑いのツボが似ている                      健康である             金銭感覚が似ている
            4.166667                          4.000000                          4.000000
             結婚時期                     希望結婚年齢
            1.000000                         30.000000

[[4]]
            収入が高い                         職業.職種                     将来性がある
           3.1578947                         3.0526316                         3.4736842
  食べ物の好みが合う                   料理が上手い              精神的な強さがある
           3.8421053                         3.3684211                         3.3684211
            年齢が近い 資産.不動産や貯金など.が多い              実家の経済力がある
           3.3157895                         2.4210526                         1.8421053
  外見.ルックスが良い        体型.スタイルが良い        色気.フェロモンがある
           3.2105263                         3.2631579                         2.0526316
            性格が合う           フィーリングが合う                     友だちが多い
           4.6842105                         4.7368421                         2.6315789
            趣味が合う          服などのセンスが良い                         気が合う
           3.2631579                         2.7894737                         4.6842105
  笑いのツボが似ている                      健康である             金銭感覚が似ている
           3.5789474                         3.5789474                         4.1052632
             結婚時期                     希望結婚年齢
           0.5789474                        29.6842105

[[5]]
            収入が高い                         職業.職種                     将来性がある
           3.1111111                         2.7777778                         3.5555556
  食べ物の好みが合う                   料理が上手い              精神的な強さがある
           3.3333333                         2.3333333                         2.6666667
            年齢が近い 資産.不動産や貯金など.が多い              実家の経済力がある
           2.5555556                         1.7777778                         1.4444444
  外見.ルックスが良い        体型.スタイルが良い        色気.フェロモンがある
           3.8888889                         4.2222222                         2.6666667
            性格が合う           フィーリングが合う                     友だちが多い
           4.8888889                         4.8888889                         2.8888889
            趣味が合う          服などのセンスが良い                         気が合う
           2.8888889                         3.2222222                         4.6666667
  笑いのツボが似ている                      健康である             金銭感覚が似ている
           4.1111111                         3.4444444                         3.5555556
             結婚時期                     希望結婚年齢
           0.3333333                        27.0000000
```

図 3.8　（続き）

クラスター 1：全員の結婚時期が希望より遅くなってしまった。すべての項目で要望が高い。高学歴，高収入，将来性さらに年齢が近い相手を希望。

クラスター 2：3 分の 2 程度が希望どおりの年齢で結婚できた。相手に対す

```
> y2 <- identify(z,function(k)apply(data_3.2[k,],2,sd))
> #クラスを(+)で指定
> #分類したクラスターごとの標準偏差を導出
> y2
[[1]]
                  収入が高い                   職業.職種              将来性がある
               0.5345225                   0.4629100                 0.8345230
          食べ物の好みが合う                料理が上手い          精神的な強さがある
               0.6408699                   1.1877349                 0.7559289
          年齢が近い 資産.不動産や貯金など.が多い           実家の経済力がある
               1.1259916                   1.0606602                 0.9258201
       外見.ルックスが良い      体型.スタイルが良い       色気.フェロモンがある
               0.8345230                   0.8345230                 1.0690450
                 性格が合う          フィーリングが合う                友だちが多い
               0.7440238                   0.7440238                 1.0350983
                 趣味が合う        服などのセンスが良い                  気が合う
               0.7071068                   0.9161254                 0.8345230
       笑いのツボが似ている                  健康である        金銭感覚が似ている
               0.9258201                   0.7440238                 0.5345225
                   結婚時期                希望結婚年齢
               0.0000000                   1.3887301

[[2]]
                  収入が高い                   職業.職種              将来性がある
               1.1259916                   1.2464235                 0.5345225
          食べ物の好みが合う                料理が上手い          精神的な強さがある
               0.8864053                   0.7440238                 0.7559289
          年齢が近い 資産.不動産や貯金など.が多い           実家の経済力がある
               0.8345230                   1.0350983                 1.0350983
       外見.ルックスが良い      体型.スタイルが良い       色気.フェロモンがある
               0.7071068                   0.7071068                 0.7440238
                 性格が合う          フィーリングが合う                友だちが多い
               0.9910312                   0.9910312                 1.0350983
                 趣味が合う        服などのセンスが良い                  気が合う
               1.4577380                   0.8345230                 0.7559289
       笑いのツボが似ている                  健康である        金銭感覚が似ている
               0.9910312                   1.2464235                 1.3562027
                   結婚時期                希望結婚年齢
               0.5175492                   1.7728105

[[3]]
                  収入が高い                   職業.職種              将来性がある
               1.0954451                   0.8366600                 0.8164966
          食べ物の好みが合う                料理が上手い          精神的な強さがある
               0.5163978                   0.9831921                 1.0327956
          年齢が近い 資産.不動産や貯金など.が多い           実家の経済力がある
               0.5163978                   1.1690452                 0.0000000
       外見.ルックスが良い      体型.スタイルが良い       色気.フェロモンがある
               1.0327956                   1.0327956                 1.5055453
                 性格が合う          フィーリングが合う                友だちが多い
               0.5163978                   1.1690452                 0.5477226
                 趣味が合う        服などのセンスが良い                  気が合う
               0.9831921                   0.7527727                 0.7527727
       笑いのツボが似ている                  健康である        金銭感覚が似ている
               1.1690452                   0.8944272                 1.5491933
                   結婚時期                希望結婚年齢
               0.0000000                   0.0000000
```

図3.9 各クラスターの標準偏差

```
[[4]]
            収入が高い                 職業.職種               将来性がある
            0.8983416                 1.0787691                 0.7723284
     食べ物の好みが合う              料理が上手い           精神的な強さがある
            0.8342101                 1.0651305                 1.2115429
       年齢が近い 資産.不動産や貯金など.が多い          実家の経済力がある
            1.1572300                 1.0173926                 0.7647191
   外見.ルックスが良い       体型.スタイルが良い      色気.フェロモンがある
            0.8549820                 0.7334928                 0.7050362
            性格が合う          フィーリングが合う               友だちが多い
            0.4775669                 0.4524139                 0.9551339
            趣味が合う          服などのセンスが良い                  気が合う
            0.8719139                 0.8549820                 0.4775669
  笑いのツボが似ている                 健康である         金銭感覚が似ている
            0.9015905                 0.9015905                 0.7374684
             結婚時期              希望結婚年齢
            0.5072573                 0.8200699

[[5]]
            収入が高い                 職業.職種               将来性がある
            0.9279607                 1.0929064                 1.3333333
     食べ物の好みが合う              料理が上手い           精神的な強さがある
            1.4142136                 1.4142136                 1.1180340
       年齢が近い 資産.不動産や貯金など.が多い          実家の経済力がある
            1.2360331                 0.4409586                 0.5270463
   外見.ルックスが良い       体型.スタイルが良い      色気.フェロモンがある
            0.9279607                 0.4409586                 1.2247449
            性格が合う          フィーリングが合う               友だちが多い
            0.3333333                 0.3333333                 1.3642255
            趣味が合う          服などのセンスが良い                  気が合う
            1.6914819                 1.2018504                 0.7071068
  笑いのツボが似ている                 健康である         金銭感覚が似ている
            0.9279607                 0.5270463                 1.1303883
             結婚時期              希望結婚年齢
            0.5000000                 1.3228757
```

図 3.9　（続き）

る要望は高くないが，気が合うことは重要。

クラスター 3：全員希望どおりの年齢で結婚できた。資産や経済力に関して比較的要望は高くない。年齢の差もあまり気にしていない。ただ，食べ物や金銭感覚が似ていること，気が合うことは重要。

クラスター 4：半数強が希望どおりの年齢で結婚できた。収入や資産はある程度重要視している。性格や金銭感覚が似ていることは重要。

クラスター 5：希望どおりの年齢で結婚できたのは 3 分の 1 程度。希望年齢が若い。ルックスや体型それにスタイルが重要であることが特徴。性格や金銭感覚が似ていることは重要。

3.4 対応分析による消費者あるいはクラスターの解釈

店舗や製品の評価などのアンケートの結果はクロス集計されることが多い。その結果から，店舗や製品において評価される項目が何であるのか，どのような消費者に評価されているのか，などを知ることができる。そのときに使われるのが対応分析である。

対応分析（correspondence analysis）は，フランスのベンゼクリ（Benzécri）によって1960年代に提唱され，1970年代から普及した手法である。カテゴリカルデータの解析方法で，**コレスポンデンス分析**とも呼ばれている(4)。**クロス集計表**の行の要素と列の要素を使い，同一平面上にプロットして，どのような特徴があるのかを把握する方法である。例を用いて対応分析を説明する。

例3.3 **表3.3**の「例3.3_車の評価.csv」は自動車企業の評価を目的とした調査結果である。その企業の代表的な車種をイメージして回答してもらったものであり，企業そのものの，あるいはその企業の車のイメージ評価につながる。車の評価の特徴を分類してみよう。

表3.3　例3.3_車の評価.csv

企業	庶民的	一般的	初心者向き	上級者向け	スタイルが良い	センスがない	好む	希望しない	高級	女性向け
A	16	65	22	9	15	4	38	8	13	5
B	18	55	29	10	6	5	24	5	12	19
C	1	3	10	47	5	24	18	24	25	17
D	2	33	40	25	5	40	12	23	18	30
E	5	32	11	52	32	11	24	5	20	8
F	1	5	32	23	7	32	12	15	4	42
G	0	2	13	32	13	23	12	25	19	20
H	3	32	10	48	26	10	24	21	6	22
I	2	7	9	27	14	9	18	12	27	9
J	4	8	12	41	25	12	20	12	36	8

〔**1**〕 **データの読み込み**　対応分析では，**corresp関数**を用いる。corresp関数を用いるためには，パッケージMASSを読み込まなければならない。そ

のあとにデータを読み込む。読み込み方はこれまでと変わらない。読み込んだ結果を変数「data_3.3」に取り込み，データの確認のために，head 関数で先頭からの 6 サンプル分を表示した（**図 3.10**）。

```
> library(MASS)   #パッケージの読み込み
> data_3.3 <- read.csv("例3.3_車の評価.csv",header=T,row.names=1)
> #データの読み込み
> head(data_3.3 )   #最初の6行までを表示
  庶民的 一般的 初心者向き 上級者向け スタイルが良い センスがない 好む
A     16     65         22          9             15            4   38
B     18     55         29         10              6            5   24
C      1      3         10         47              5           24   18
D      2     33         40         25              5           40   12
E      5     32         11         52             32           11   24
F      1      5         32         23              7           32   12
  希望しない 高級 女性向け
A          8   13        5
B          5   12       19
C         24   25       17
D         23   18       30
E          5   20        8
F         15    4       42
```

図 3.10　データの読み込み

〔**2**〕 **対応分析の実行**　　対応分析は，制約付き主成分分析といえる。そのため，主成分分析と同様に考えればよい。実行のコマンドや注意事項を**図 3.11** に示す。

```
> corresp.data_3.3 <- corresp(data_3.3,nf=10)
> #正準相関，行得点，列得点を求める，nfは求める軸の個数
> #nfの値は行数と列数の小さい方とした方が良い。つまりnf=min(行数, 列数)
> corresp.data_3.3   #結果を表示(省略)
```

図 3.11　対応分析の実行

まず，図 3.11 に記載されている**正準相関**は，その二乗が固有値に等しい。2 組のデータ行列の一次結合によって定められる二つのベクトルの相関係数が正準相関係数である[11]。この正準相関係数を大きさの順に並べ，その各値を二乗したものが固有値である。固有値を求めるコマンドと各寄与率を求めたものが**図 3.12** である。

```
> value <- corresp.data_3.3$cor^2  #固有値を求める
> round(value,3)  #丸める
 [1] 0.192 0.112 0.029 0.014 0.009 0.005 0.002 0.001 0.000 0.000
> round(100*value /sum(value),2)  #寄与率を求める
 [1] 52.72 30.90  7.98  3.74  2.40  1.36  0.66  0.23  0.01  0.00
> biplot(corresp.data_3.3)  #結果をプロットする
```

図 3.12 固有値と寄与率

第 2 固有値までの累積寄与率は 83.62%（=52.72%+30.90%）と十分に高いので，第 1，第 2 固有値に対応する得点のみを分析すればよい。各変数の関係をプロットしたものを**図 3.13** に示す。

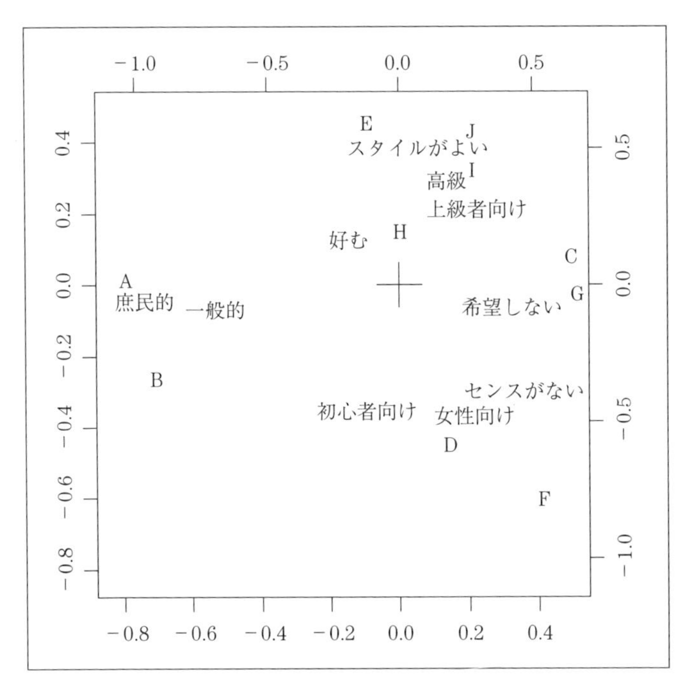

図 3.13 変数の関係のプロット

〔**3**〕 **考　　察**　図 3.13 のプロットにおいて，アルファベットの近くの評価が，その企業を説明していると考えることができる。それによると各社の車の特徴は以下のとおりである。

I，J 企業：上級者向け

E　企業：スタイルが良い車の印象

C，G 企業：あまり好まれていない

D，F 企業：初心者受けして，女性向け

A，B 企業：庶民的で一般的

3.5　判別分析による消費者の判別

繁盛するレストランの判別を考えてみよう。外観がまったく同じような店舗でも，その店が繁盛しているレストランとそうでないものがある。また，同じ店舗でも好まれるポイントは異なるものである。

・若者に受ける店舗

・観光客に受ける店舗

・女性に好評な店舗

・家族連れに好まれる店舗

などが挙げられる。またどの部分が気になるのだろうか。

・雰囲気

・接　客

・ロケーション

・味や値段（品質）

であろうか。繁盛店を見きわめるのは容易ではない。人物の見きわめと同じように外見だけでは識別ができない場合がある。外観以外にいろいろな要素が組み合わさった結果である。まさにパターンである。この**パターン認識**は，コンピュータに事前に入力・記憶させたデータと識別すべきデータとの一致度を見ればできることである。そのために必要となるモデルを構築する最も古典的な手法が**判別分析**（discriminant analysis）である。

ここでは判別分析について考えてみる。所属不明の個体が，二つのグループのどちらに属するかを判別する問題を，**二群判別分析**と呼ぶ。さらに，三つ以上のグループのいずれかに属するかに関する判別問題を，**多群判別分析**と呼ぶ。例を用いて判別分析を説明する。

例 3.4 **表 3.4** の「例 3.4_結婚観データ（判別分析）.csv」は女性の結婚観のデータである。「例 3.2」の項目を入れ替えたものである。また，各項目は先の表 3.2 のとおりである。このデータから結婚時期が思いどおりだった人とそうでない人の判別を試みよう。今回は，判別分析の評価をするために 45 人目までを解析用として用いて，残りの 5 人のデータを検証用に用いる。なお，5 人の検証用のデータは思いどおりにいかなかった人，つまり結婚時期が“0”のデータである。

表 3.4 例 3.4_結婚観データ（判別分析）.csv

サンプル	結婚時期	希望結婚年齢	収入が高い	職業・職種	将来性がある	…	気が合う	笑いのツボが似ている	健康である	金銭感覚が似ている
1	1	30	1	1	1	…	5	5	1	1
2	1	30	3	2	3	…	4	3	3	4
3	1	26	1	1	2	…	4	3	4	2
4	1	30	1	1	3	…	5	5	5	5
5	1	30	1	2	2	…	4	2	3	4
6	1	30	2	4	1	…	5	2	2	2
7	1	30	2	1	2	…	4	5	3	5
⋮	⋮	⋮	⋮	⋮	⋮	⋮	⋮	⋮	⋮	⋮
41	0	29	4	3	3	…	4	4	4	4
42	0	30	4	3	3	…	5	5	2	3
43	0	30	5	5	3	…	5	4	3	5
44	0	30	4	3	3	…	4	4	4	4
45	0	26	4	4	3	…	4	4	4	3
46	?	28	4	5	3	…	3	3	5	4
47	?	30	3	3	4	…	5	4	3	4
48	?	30	3	4	4	…	5	3	3	4
49	?	27	5	5	5	…	3	3	3	4
50	?	27	4	4	4	…	4	4	4	4

〔**1**〕 **データの読み込み**　まずパッケージ MASS を読み込まなければならない。その後にデータを読み込む。**図 3.14** のように

```
>library(MASS)
```

で，パッケージを読み込み，例 3.4 のデータを読み込んで変数「data_3.4」に

```
> library(MASS)   #パッケージを読み込む
> data_3.4 <- read.csv("例3.4_結婚観データ(判別分析).csv",header=T,row.names=1)
> #データを読み込む
> head(data_3.4)   #最初の6行までを表示
  結婚時期 希望結婚年齢 収入が高い 職業.職種 将来性がある 食べ物の好みが合う
1        1           30          1         1            1                 3
2        1           30          3         2            3                 4
3        1           26          1         1            2                 2
4        1           30          1         1            3                 5
5        1           30          1         2            2                 2
6        1           30          2         4            1                 2
  料理が上手い 精神的な強さがある 年齢が近い 資産.不動産や貯金など.が多い
1            1                  1          1                            1
2            4                  3          3                            3
3            1                  1          1                            1
4            3                  1          1                            1
5            2                  2          1                            1
6            2                  1          2                            2
  実家の経済力がある 外見.ルックスが良い 体型.スタイルが良い
1                  1                   1                   1
2                  1                   3                   3
3                  1                   3                   3
4                  1                   4                   4
5                  2                   2                   2
6                  1                   2                   2
  色気.フェロモンがある 性格が合う フィーリングが合う 友だちが多い 趣味が合う
1                     1          4                  4            1          1
2                     2          5                  5            3          3
3                     3          3                  4            3          3
```

図 3.14　結婚観のデータ（判別分析）.csv

格納する。このデータは，2列以降の項目の考え方をもっている女性が，希望の年齢で結婚できたかどうかを示している。結婚時期が“1”の場合，希望の年齢で結婚できたことを意味する。

〔**2**〕 **判別分析を実行**　　ここでは，結婚時期が思いどおりだった人とそうでない人の判別を，結婚についての価値観の情報に基づいて行いたいものとする。先にも述べたように，45人目までを解析に用いて，残りの5人のデータは検証用である。46番以降の五つを検証用データとした。この判別式は線形関数で表すため，**線形判別分析**（linear discriminant analysis）と呼ぶ。コマンドは

```
>lda(formula,data)
```

となる。formula の部分は「判別したい変数～変数（以下，＋でつなぐ)」のように記載する。すべての変数を用いて判別式を作る場合には，**図 3.15** のよう

```
> train.data <- data_3.4[1:45,]   #解析用データを作成する
> test.data <- data_3.4[46:50,]   #検証用データを作成する
> (Z <- lda(結婚時期~.,data=train.data))   #結婚時期を分類データとして判別分析を実行
Call:
lda(結婚時期 ~ ., data = train.data)

Prior probabilities of groups:
        0         1
0.4444444 0.5555556

Group means:
  希望結婚年齢 収入が高い 職業.職種 将来性がある 食べ物の好みが合う 料理が上手い
0         27.8       3.70       3.3         3.25                 3.25         2.45
1         29.4       2.32       2.4         2.72                 3.80         3.48
  精神的な強さがある 年齢が近い 資産.不動産や貯金など.が多い 実家の経済力がある
0              3.15       3.50                          2.55              2.10
1              2.40       2.28                          1.96              1.56
  外見.ルックスが良い 体型.スタイルが良い 色気.フェロモンがある 性格が合う
0                3.25                3.50                  2.45       4.45
1                3.16                3.12                  2.20       4.56
  フィーリングが合う 友だちが多い 趣味が合う 服などのセンスが良い 気が合う
0              4.60         2.85       3.25                 2.95     4.60
1              4.48         2.28       3.20                 3.08     4.52
  笑いのツボが似ている 健康である 金銭感覚が似ている
0                  3.9       3.75               3.90
1                  3.6       3.52               3.64
```

図 3.15 "0" と "1" の 2 群それぞれの平均値

```
Coefficients of linear discriminants:
                                      LD1
希望結婚年齢                  0.069535195
収入が高い                   -1.015687049
職業.職種                     0.323231088
将来性がある                  0.280136470
食べ物の好みが合う            0.674374875
料理が上手い                  1.218136727
精神的な強さがある            0.005929313
年齢が近い                   -0.951479254
資産.不動産や貯金など.が多い  0.290585514
実家の経済力がある           -1.208131659
外見.ルックスが良い           0.833865117
体型.スタイルが良い          -1.564950061
色気.フェロモンがある         0.499500659
性格が合う                   -0.430693584
フィーリングが合う            0.446167951
友だちが多い                  0.259234027
趣味が合う                   -0.409194532
服などのセンスが良い         -0.409136302
気が合う                      0.071434558
笑いのツボが似ている         -0.549255966
健康である                    0.206177411
金銭感覚が似ている           -0.172783122
```

図 3.16 線形判別関数の係数

に，「判別したい変数〜.」のように記載する。そして，data の部分には，モデル作成に用いる解析用データを指定する。

線形判別関数の係数を**図 3.16** に示す。

線形判別関数の定数は**図 3.17** のコマンドで求めることができる。

```
> apply(Z$means%*%Z$scaling,2,mean)   #判別関数の定数項を求める
      LD1
-2.396029
```

図 3.17　判別関数の定数

サンプルが“1”なのか“0”なのかを判定するためには，サンプルに図 3.16 の係数を掛けて図 3.17 の定数を足した値（これを以下，D とする）を用いる。判定は

「D ＞ 0 ならば“1”　そうでなければ“0”」

と判定する。

それぞれの群が，上記方法で判別できているのかの結果を確認した。**図 3.18** は，モデル作成に用いた解析用データにおいて，“1”のデータは 25 件が，“0”のデータは 20 件が，すべて正しく判別できたことを示している。さらに，予

```
> table(train.data[,1],predict(Z)$class)   #解析用データの判別結果を確認する

     0  1
  0 20  0
  1  0 25
> data.frame(train.data[,1],predict(Z)$class)   #解析用データの誤判別の確認をする
   train.data...1. predict.Z..class
1                1                1
2                1                1
3                1                1
4                1                1
5                1                1
6                1                1
7                1                1
8                1                1
9                1                1
10               1                1
```

図 3.18　判別結果と解析データの予測結果の確認（一部）

測の判定結果がpredict（変数）である。判別結果と解析データの予測結果の確認（一部）を示す。

〔3〕 **検　　証**　線形判別式を求めるときに用いた解析用データでは正しく判別できていても，それ以外のデータのときには当てはまりが悪いかもしれない。そこでこのモデルがほかのデータにも適応できるのかを検証しておくことが必要である。その結果が**図3.19**である。検証の結果，すべて判別できていることがわかる。

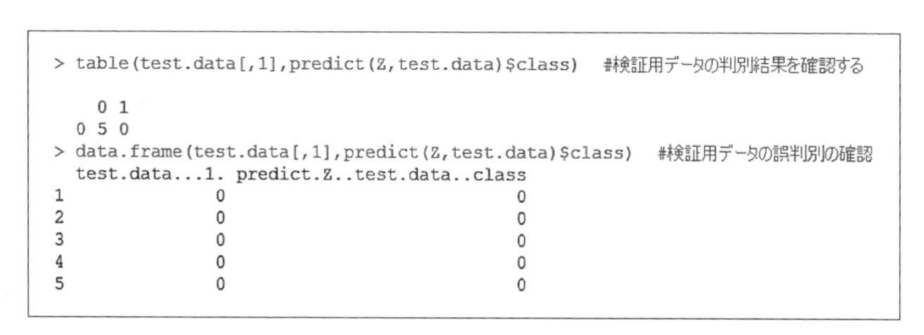

```
> table(test.data[,1],predict(Z,test.data)$class)   #検証用データの判別結果を確認する

    0 1
  0 5 0
> data.frame(test.data[,1],predict(Z,test.data)$class)   #検証用データの誤判別の確認
  test.data...1. predict.Z..test.data..class
1              0                           0
2              0                           0
3              0                           0
4              0                           0
5              0                           0
```

図3.19　検証データで判別結果の確認

〔4〕 **考　　察**　図3.19の検証結果からわかるように，思いどおりの結婚時期でなかった人をすべて正確に判別していることから，判別の精度は良さそうである。希望どおりの時期に結婚できたかどうかに左右する変数をまとめると以下のとおりである。

「1」 希望どおりの時期に結婚できた

以下の項目を重要視していた人が，希望どおりの時期に結婚できたようである。

料理が上手い，外見・ルックスが良い，食べ物の好みが合う。

「0」 希望どおりの時期に結婚できなかった

以下の項目を重要視していた人が，思うような時期に結婚できなかったようである。

体型・スタイルが良い，実家の経済力がある，収入が高い，年齢が近い。

3.6 アソシエーション分析による購買商品の傾向把握

買い物が終わって買い物かごをのぞいたときに，いつも同じものを買っている商品がいくつかあることに気が付くだろう。それはその家庭の事情によるものでもある。買い物かごをのぞく代わりに，レシート情報を用いて商品の同時購買の分析を行ってみよう。ここでは，「例3.5_レシートデータ（休日).csv」を用いて**アソシエーション分析**（associations analysis）により購買傾向分析を行う。

例3.5 **表3.5**「例3.5_レシートデータ（休日).csv」のデータは，食料品や雑貨を取り扱うある店舗における，ある休日のレシートデータである。このデータは，顧客との商品の受発注，支払い，納品などを記録した，**トランザクションデータ**と呼ばれるものである。このデータを用いて商品の同時購買の分析を行ってみよう。

【レシートデータの内容】は，このデータでは以下のとおりである。

「販売年月日」，「曜日」，「販売時刻」，「顧客ID」，「（商品の）分類名」，「商品名」，「数量」，「販売売上」，「レシート番号」

表3.5のデータを見ると，例えばレシート番号が1の顧客は，タバコB，おいしい焼売（エビ），おいしい焼売，をそれぞれ一つずつ購入していることがわかる。こうしたレシートデータから，顧客が商品を購入する際に，どのような商品を一緒に買うのかを分析する。そのために，アソシエーション分析を行う。アソシエーション分析は，データ全体を集計して相関ルールを抽出する分析である。相関ルールとは，Xを条件（left hand side：lhs）とし，Yを結論（right hand side：rhs）とした際に，トランザクションデータ中にXが含まれるときにYも含まれるといった関係性である。

例えば，「レシートを見ると，商品Aを買ったときに商品Bを買っている」

表 3.5 例3.5_レシートデータ（休日）.csv

年月日	曜日	販売時刻	顧客ID	分類名	商品名	数量	販売売上	レシート番号
20180401	日	9	40141730	タバコ	タバコB	1	431	1
20180401	日	9	40141730	日配	おいしい焼売（エビ）	1	191	1
20180401	日	9	40141730	日配	おいしい焼売	1	191	1
20180401	日	9	40141730	菓子	グミパック	2	192	2
20180401	日	9	40141730	菓子	スナック菓子C	1	96	2
20180401	日	9	20141620	自家製惣菜	肉じゃが弁当	1	260	3
20180401	日	9	20141620	自家製惣菜	肉じゃが	1	201	3
20180401	日	9	51001640	野菜	ミックスキャベツ	1	105	4
20180401	日	9	51001640	タマゴ	たまご（L）	1	250	4
20180401	日	9	51001640	惣菜	ポテトサラダ	1	124	4
20180401	日	9	51001640	パン	食パン	1	172	4
20180401	日	9	51001640	酪農品	クリームチーズ（パン用）	1	191	4
20180401	日	9	51001640	野菜	ミニトマト	1	134	4
20180401	日	9	51001640	食品その他	苺ジャムカップ	1	115	4
20180401	日	9	51001640	酪農品	おいしいバター	1	296	4
20180401	日	9	51001180	タマゴ	たまご（L）	1	250	5
20180401	日	9	51001180	鶏肉	若鶏　モモ肉	1	161	5
20180401	日	9	51001180	鶏肉	若鶏　ムネ肉	1	161	5
20180401	日	9	51001180	調味料	マヨネーズ（低脂肪）	1	315	5
20180401	日	9	51001180	野菜	新玉ねぎ（袋）	1	201	5
20180401	日	9	40141230	日配	納豆（極小粒）	1	105	6
20180401	日	9	40141230	野菜	長ねぎ	1	201	6
20180401	日	9	40141230	牛乳	牛乳（低脂肪）	1	107	6

のようなルールである。これを

$$\{A\} \Rightarrow \{B\}$$

と表したとき，左辺が**条件部**，右辺を**結論部**と呼ぶ。

そして，アソシエーション分析により抽出された相関ルールは以下の基準により判断することができる。

1）**支持度**（support）：X（条件），Y（結論）の両方を含むレシート（トランザクション）が全データ中に占める比率を示す。したがって，支持度が高いルールほど全データの中でより発生しやすいことを意味する。

2）**確信度**（confidence）：レシート（トランザクション）中にX（条件）が含まれるとき，Y（結論）も同時に含まれる比率を示す。したがって，確信度が高いルールは，X（条件）を含むレシートにY（結論）が含まれる確率が高いことを意味する。

3) **リフト値**（lift）：X（条件）がY（結論）とどの程度相関しているかを示す。したがって，リフト値が高ければ高いほど，X（条件）の購買がY（結論）の購買を「もち上げている（促進させている）」ことを意味する。

レシートデータのアソシエーション分析の結果は，店舗の陳列やセット販売サービスの実施などに反映させることができる。

〔1〕 データの読み込み　　レシートデータを，変数「data_3.5」に読み込んだ。そして，head（変数）により先頭のデータを確認する。また str 関数は，データの内容を情報付きで簡潔に表示する関数である。この str(変数) により，データの構造も確認したものが**図 3.20** である。

```
> data_3.5 <- read.csv("例3.5_レシートデータ(休日).csv",header=T)
> head(data_3.5)
    年月日 曜日 販売時刻    顧客ID       分類名                商品名 数量 販売売上
1 20180401   日        9 40141730      タバコ               タバコB    1      431
2 20180401   日        9 40141730        日配 おいしい焼売(エビ)    1      191
3 20180401   日        9 40141730        日配        おいしい焼売    1      191
4 20180401   日        9 40141730        菓子           グミパック    2      192
5 20180401   日        9 40141730        菓子         スナック菓子C    1       96
6 20180401   日        9 20141620 自家製惣菜          肉じゃが弁当    1      260
  レシート番号
1            1
2            1
3            1
4            2
5            2
6            3
> str(data_3.5)
'data.frame':   1184 obs. of  9 variables:
 $ 年月日      : int  20180401 20180401 20180401 20180401 20180401 20180401 2018
 $ 曜日        : Factor w/ 1 level "日": 1 1 1 1 1 1 1 1 1 1 ...
 $ 販売時刻    : int  9 9 9 9 9 9 9 9 9 9 ...
 $ 顧客ID      : int  40141730 40141730 40141730 40141730 40141730 20141620 201
 $ 分類名      : Factor w/ 38 levels "アイス","タバコ",..: 2 32 32 12 12 21 21 34 3 
 $ 商品名      : Factor w/ 225 levels "PET緑茶","アイスバーA",..: 85 20 19 52 80 205
 $ 数量        : int  1 1 1 2 1 1 1 1 1 1 ...
 $ 販売売上    : int  431 191 191 192 96 260 201 105 250 124 ...
 $ レシート番号: int  1 1 1 2 2 3 3 4 4 4 ...
```

図 3.20　レシートデータの読み込み

〔2〕 トランザクションデータの生成　　まず，アソシエーション分析を初めて行う場合は

```
>install.packages("arules",dependencies=T)
```

により，パッケージ「arules」のインストールを行う。そして

>library(arules)

により，パッケージ「arules」を呼び出しておく。これらを**図3.21**に示す。

```
> install.packages("arules", dependencies=T)
 パッケージを 'C:/Users/                                    ' 中にインストールします
 ('lib' が指定されていないため)
 --- このセッションで使うために、CRAN のミラーサイトを選んでください ---
 URL 'https://cran.ism.ac.jp/bin/windows/contrib/3.4/arules_1.6-1.zip' を試しています
Content type 'application/zip' length 2366882 bytes (2.3 MB)
downloaded 2.3 MB

 パッケージ 'arules' は無事に展開され、MD5 サムもチェックされました

 ダウンロードされたパッケージは、以下にあります
        C:\Users\

> library(arules)
```

図3.21　「arules」パッケージのインストールと呼び出し

アソシエーション分析に入る前に，分析用のトランザクションデータの作成を行う。**図3.22**のように，xtabs（～縦軸項目＋横軸項目，変数）により，レシートデータのクロス集計を行う。レシート番号と分類名によるクロス集計の結果を「dat_receipt_category」に代入する。レシート番号と商品名によるクロス集計の結果を「dat_receipt_name」に代入する。

```
> dat_receipt_category <- xtabs(~レシート番号+分類名, data=data_3.5)
> dat_receipt_name<- xtabs(~レシート番号+商品名, data=data_3.5)
```

図3.22　レシートデータのクロス集計

クロス集計したデータは，対象が各レシート内に出現する頻度となっている。アソシエーション分析を行うためには，**図3.23**のように，クロス集計表での出現頻度（2以上の値）をすべて1に書き換えることで，各レシート内で対象が出現「しない・する」の「0・1」データに変換する必要がある。

そして，「0・1」に変換したデータを，トランザクションデータに変換する。

```
> dat_receipt_category[dat_receipt_category[]>1] <- 1
> dat_receipt_name[dat_receipt_name[]>1] <- 1
```

図3.23　クロス集計表を「0・1」データに変換

そのために，まずは**図 3.24** のように，行列データ（matrix データ）に変換する。分類名についての行列データを「mat_receipt_category」に代入する。商品名についての行列データを「mat_receipt_name」に代入する。

```
> mat_receipt_category <- as(dat_receipt_category,"matrix")
> mat_receipt_name <- as(dat_receipt_name,"matrix")
```

図 3.24　クロス集計表を行列データに変換

その後，**図 3.25** のように行列データを “transactions” に変換することで，パッケージ「arules」に適用するためのトランザクションデータが生成される。分類名についてのトランザクションデータを「tran_receipt_category」に代入する。さらに商品名についてのトランザクションデータを「tran_receipt_name」に代入する。

```
> tran_receipt_category <- as (mat_receipt_category,"transactions")
> tran_receipt_name <- as (mat_receipt_name,"transactions")
```

図 3.25　行列データをトランザクションデータに変換

〔3〕 **アソシエーション分析の実行**　　それでは，パッケージ「arules」を用いて，アソシエーション分析を行っていく。まずは，**図 3.26** のように itemFrequencyPlot 関数により，トランザクションデータ内でのアイテム頻度の棒グラフを確認する。「topN=」を指定することで，多いものから順に表示数を制限できる。

```
> itemFrequencyPlot(tran_receipt_category,type="absolute",topN=10)
> mtext("アイテム絶対度数", side = 2, line = 2, at=NA)
>
> itemFrequencyPlot(tran_receipt_name,type="absolute",topN=10)
> mtext("アイテム絶対度数", side = 2, line = 2)
```

図 3.26　トランザクションデータ内でのアイテム頻度の確認

ここで，頻度は引数 type を用いて，絶対度数と相対度数を指定することができる。この例では，type＝ “absolute” として絶対度数を指定した。相対度数を指定するときは，type＝“relative”とすればよい。

「分類名について」のアイテム頻度の棒グラフが**図 3.27** であり，「商品名について」のグラフが**図 3.28** である。それぞれ上位 10 位まで調べている。

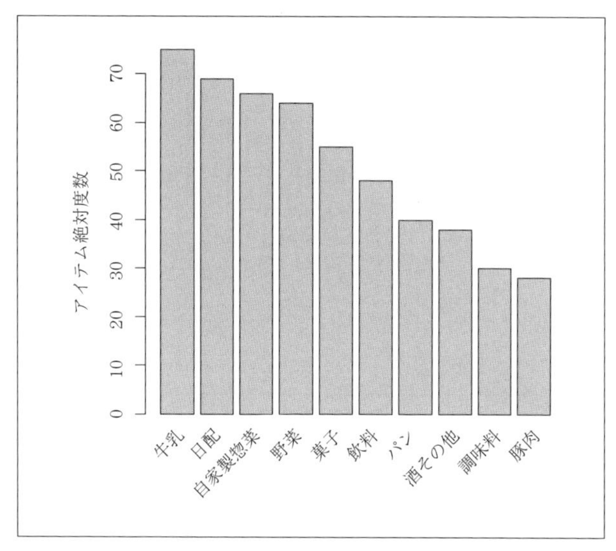

図 3.27 アイテム絶対度数の棒グラフ（分類名について）

そして，**図 3.29** のように apriori 関数によりレシートデータ内の相関ルールを抽出する。apriori 関数を用いるうえで，支持度（support），確信度（confidence），頻出アイテムの最大数（maxlen：maximum size of mined frequent item sets）を設定し，指定した設定値を満たさないルールを抽出させないことができる。なお，これらのデフォルト値は，「support=0.1」，「confidence=0.8」，「maxlen=5」となっている。支持度と各進度に関しては，幅広い視点での分析を行う際は，支持度の大きさに着目してルールを抽出するとよい。一方，視点を絞った分析を行う際は，支持度は小さめでも，確信度の高いルールを抽出するのが望ましい。

図 3.29 の例では，分類名についてのトランザクションデータから，支持度が 0.02 以上，確信度が 0.8 以上，頻出アイテムの最大数が 10 以上のルールが抽出されている。今回は全部で，13 個のルール（13rule(s)）が抽出された。

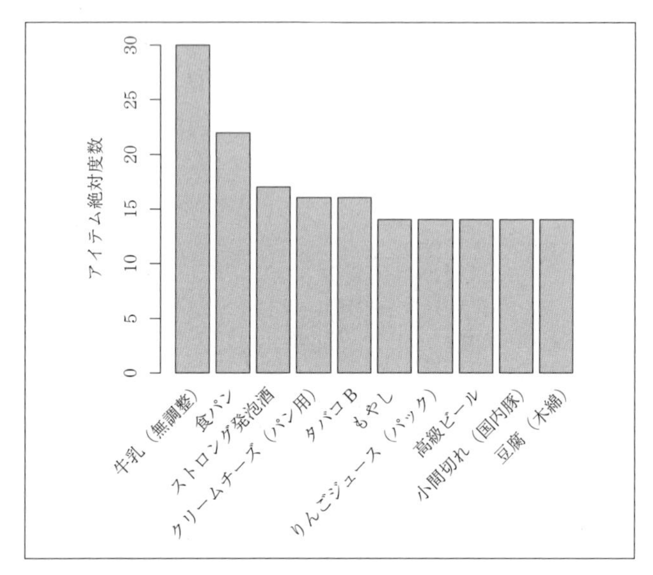

図 3.28　アイテム絶対度数の棒グラフ（商品名について）

```
> ar_receipt_category <- apriori(tran_receipt_category,p=list(support=0.02,confidence=0.8,maxlen=10))
Apriori

Parameter specification:
 confidence minval smax arem  aval originalSupport maxtime support minlen maxlen target   ext
        0.8    0.1    1 none FALSE            TRUE       5    0.02      1     10  rules FALSE

Algorithmic control:
 filter tree heap memopt load sort verbose
    0.1 TRUE TRUE  FALSE TRUE    2    TRUE

Absolute minimum support count: 4

set item appearances ...[0 item(s)] done [0.00s].
set transactions ...[38 item(s), 206 transaction(s)] done [0.00s].
sorting and recoding items ... [31 item(s)] done [0.00s].
creating transaction tree ... done [0.00s].
checking subsets of size 1 2 3 4 done [0.00s].
writing ... [13 rule(s)] done [0.00s].
creating S4 object  ... done [0.00s].
```

図 3.29　レシートデータ内の相関ルールの抽出（分類名について）

相関ルールを抽出したあとは，inspect 関数により抽出したルールを表示させる。その際に**図 3.30** のように，抽出されたルールを確信度の高い順に並び換えて，トップ五つを表示させることができる。

あるいは**図 3.31** のように，抽出されたルールを支持度の高い順に並び換えて，トップ五つを表示させることもできる。

```
> inspect(head(sort(ar_receipt_category, by = 'confidence'), n = 5))
    lhs                   rhs     support    confidence lift     count
[1] {鶏肉,日配}        => {野菜} 0.03398058 1.0000000  3.218750  7
[2] {塩干,牛乳}        => {日配} 0.02912621 1.0000000  2.985507  6
[3] {飲料,牛乳,日配} => {野菜} 0.02427184 1.0000000  3.218750  5
[4] {鶏肉}             => {野菜} 0.04854369 0.9090909  2.926136 10
[5] {塩干,野菜}        => {日配} 0.03398058 0.8750000  2.612319  7
```

図 3.30　抽出されたルールの確認（確信度の高い順）

```
> inspect(head(sort(ar_receipt_category, by = 'support'),  n = 5))
    lhs             rhs     support    confidence lift     count
[1] {酪農品}    => {パン} 0.07766990 0.8421053  4.336842 16
[2] {鶏肉}       => {野菜} 0.04854369 0.9090909  2.926136 10
[3] {鶏肉,日配} => {野菜} 0.03398058 1.0000000  3.218750  7
[4] {塩干,野菜} => {日配} 0.03398058 0.8750000  2.612319  7
[5] {珍味}       => {菓子} 0.02912621 0.8571429  3.210390  6
```

図 3.31　抽出されたルールの確認（支持度の高い順）

図 3.32 の例では，分類名についてのトランザクションデータから，list 関数により支持度が 0.04 以上，確信度が 0.8 以上，頻出アイテムの最大数が 10 以上のルールが抽出されている。さらに，inspect 関数により 2 個のルールを抽出した。

```
> ar_receipt_category_2 <- apriori(tran_receipt_category, p=list(support=0.04,confidence=0.8,maxlen=10))
Apriori

Parameter specification:
 confidence minval smax arem  aval originalSupport maxtime support minlen maxlen target   ext
        0.8    0.1    1 none FALSE            TRUE       5    0.04      1     10  rules FALSE

Algorithmic control:
 filter tree heap memopt load sort verbose
    0.1 TRUE TRUE  FALSE TRUE    2    TRUE

Absolute minimum support count: 8

set item appearances ...[0 item(s)] done [0.00s].
set transactions ...[38 item(s), 206 transaction(s)] done [0.00s].
sorting and recoding items ... [26 item(s)] done [0.00s].
creating transaction tree ... done [0.00s].
checking subsets of size 1 2 3 done [0.00s].
writing ... [2 rule(s)] done [0.00s].
creating S4 object  ... done [0.00s].



> inspect(ar_receipt_category_2)
    lhs          rhs    support    confidence lift     count
[1] {鶏肉}    => {野菜} 0.04854369 0.9090909  2.926136 10
[2] {酪農品} => {パン} 0.07766990 0.8421053  4.336842 16
```

図 3.32　レシートデータ内の相関ルールの抽出と確認（分類名について）

〔4〕 考　　察　図 3.32 の結果からは，「鶏肉に関する商品が購入される際に，とても高い確率で野菜に関する商品も一緒に購入されている」，「酪農

品に関する商品が購入される際に，とても高い確率でパンに関する商品も一緒に購入されている」というルールが存在していることがわかる。

3.7　顧客満足度と顧客ロイヤリティ

企業と顧客との関係について考えてみよう。ここで，**CRM**（Customer Relationship Management）と**ロイヤリティ・マーケティング**（loyalty marketing）について説明する。どちらも企業と顧客との関係を重視するものである。CRMはその顧客情報を管理することにより，ほかの情報も有効活用しようとする考え方であるのに対して，ロイヤリティ・マーケティングは顧客のロイヤリティ（企業や店舗，商品に対する貢献度）に特化している。その考え方を活用したものに，**FSP**（Frequent Shoppers Program）がある。FSPは，主に小売業において，図3.33のように，度数の多い順に並べたグラフを作成する**パレート分析**などの統計手法を用いて顧客を購入金額や来店頻度，あるいは累計の購入金額によって選別し，セグメント別にサービスや特典を変えることによって，顧客に適したサービスを提供し，顧客の維持拡大を図るものである。

ここで，マーケティングの中心的なテーマとなっているCRMの重要性にふれてみよう。

〈30：70（20：80）の法則〉

既存顧客は，店舗および事業所の売上高および収益に多くの貢献をしてくれる。特に優良顧客の存在は重要である。ここで30：70（20：80）の法則とは，自社の顧客の売上高（収益）の多い順に並べたとき，上位30％（20％）の顧客が全体の収益の70％（80％）を占める状態を表している（**図3.33**）。

CRMの最終的な目的は，顧客の高いロイヤリティを得ることで，継続的・長期的に高い収益を確保することである。

CRMの実践として，まずは，**データベースマーケテイング**により顧客属性や購買履歴などのデータを蓄積して，分析・加工を行い，顧客ロイヤリティの

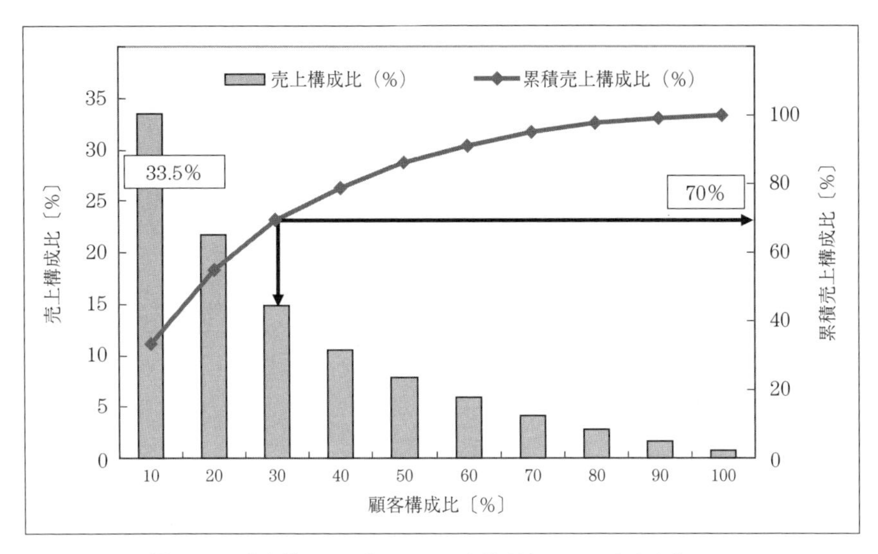

図 3.33　某食品 SM の実データ：上位顧客 30%で売上高約 70%

測定，顧客ロイヤリティ別満足度評価などから商品開発，販売促進策につなげていく。

さらに，顧客ロイヤリティ測定でよく使われる手法が **RFM 分析**である。RFM 分析では顧客ロイヤリティを示す指標として最終購買日（recency），購買頻度（frequency），購買金額（monetary）を把握し優良顧客の行動特性をつかみ効果的な顧客戦略を立てる。ここで一つの分析モデルを紹介しよう。顧客満足などと再購入との関係とその関係の強さを分析するものに，顧客ロイヤリティモデルがある[(12)]。それには**共分散構造分析**[(13)]という手法が用いられている。

図 3.34 は,「顧客が感じる価値」と「スイッチングコスト」が「ロイヤリティ」と関係していることを示している[(12)]。価値には，顧客満足や愛着や信頼などが関係していることがわかる。また，スイッチングコストは，商品や購入店舗を変えると, 手間や代替品であるがための使いづらさがあることを示している。このようなモデルはアンケート調査から容易に構築することができる。

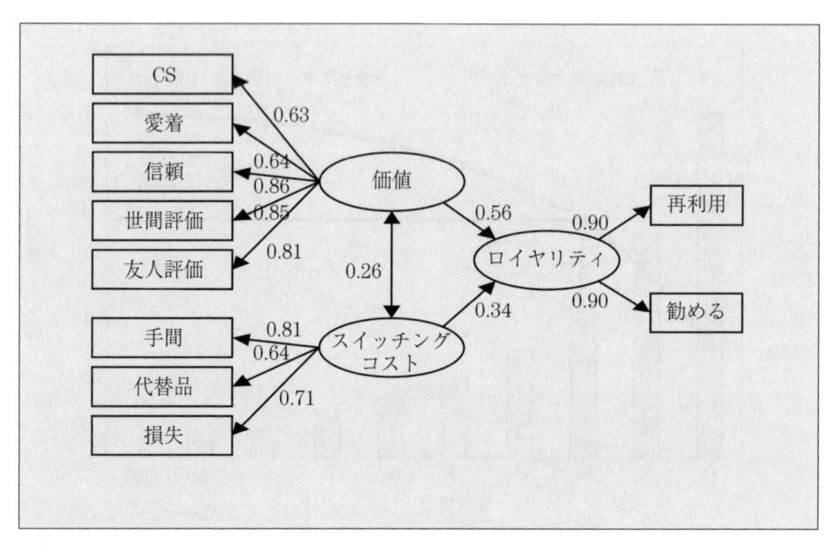

図 3.34　顧客ロイヤリティモデル構造と共分散構造分析の結果[12]

例 3.6　**表 3.6**「例 3.6_semdata.csv」の SEM 用のデータを用いて，共分散構造分析を学習しよう。ここで，SEM は構造方程式モデリング（structural equation modeling）のことである。表 3.6 のデータは，レストランを利用した

表 3.6　「例 3.6_semdata.csv」

ID	性別	年齢	来店意思	満足度	利便性	味価格	接客	雰囲気
1	1	20	5	4	5	3	4	3
2	1	30	4	4	4	3	4	3
3	1	40	5	4	5	3	4	4
4	1	20	3	4	3	3	3	3
5	1	30	2	2	2	3	4	3
6	1	30	4	4	4	3	3	3
⋮	⋮	⋮	⋮	⋮	⋮	⋮	⋮	⋮
52	2	60	4	4	4	3	4	4
53	2	40	4	4	4	3	3	3
54	2	30	4	5	4	3	4	3
55	2	20	1	3	2	3	2	2
56	2	20	3	3	3	3	4	3
57	2	20	5	5	5	3	4	3
58	2	50	4	5	4	3	4	4
59	2	40	3	4	3	3	4	3
60	2	40	3	3	3	2	3	2

顧客に，再来店の意思はあるのかとともに，接客態度に満足したか，味価格は満足がいくものであったか，雰囲気は，利便性は良いかなどの店舗の評価を，5段階（5が満足）で尋ねたものである。

このデータを用いて再来店の意思（顧客ロイヤリティ）につながる構造を検討しよう。

〔1〕 **パッケージとデータの読み込み**　パッケージは

>library(lavaan)

を用いることにする。例3.6のデータを変数「d」に読み込み，一部を表示した。それを**図3.35**に示す。

```
> # パッケージのインストール
> install.packages("lavaan", dependencies=T)
> # パッケージの読み込み
> library(lavaan)

> # データ読み込み
> d<- read.table("例3.6_semdata.csv",header=T,sep=",")
> head(d) #先頭のデータ表示
  ID 性別 年齢 来店意思 満足度 利便性 味価格 接客 雰囲気
1  1    1   20        5      4      5      3    4      3
2  2    1   30        4      4      4      3    4      3
3  3    1   40        5      4      5      3    4      4
4  4    1   20        3      4      3      3    3      3
5  5    1   30        2      2      2      3    4      3
6  6    1   30        4      4      4      3    3      3
```

図3.35 パッケージの読み込みとデータの確認

解析にあたって，自身のRにパッケージ「lavaan」がインストールされていなければ，WebサイトでCRAN（Comprehensive R Archive Network）より，パッケージをダウンロードしておくことが必要である。CRANは，R本体や各種パッケージをダウンロードするためのWebサイトで，全世界にミラーサイトが存在する。適切なミラーを選べば利用者の側には高速で快適なダウンロードが，サーバ管理者の側には負荷の軽減が期待できる。

〔2〕 **モデルの表現**　考えられる変数間の関係をモデルに表してみよう。うまく表現できなければ，検討を繰り返す。まず，「来店意思」には，店舗内

の評価として「接客」,「味価格」,「雰囲気」が関係することが考えられる。その間には潜在変数「f1」が存在するとした。さらに，店舗の立地条件などを考慮した「利便性」も重要な要因と考え，そこに潜在変数「f2」を加えた。また，それ以外にも要因があることも考え，潜在変数「f3」を用意した。以上を，式で表したものが**図 3.36** であり，図で表したものが**図 3.37** である。

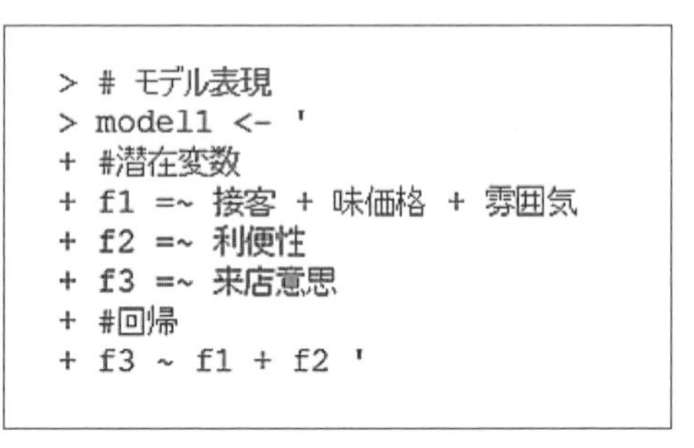

```
> # モデル表現
> model1 <- '
+ #潜在変数
+ f1 =~ 接客 + 味価格 + 雰囲気
+ f2 =~ 利便性
+ f3 =~ 来店意思
+ #回帰
+ f3 ~ f1 + f2 '
```

図 3.36　モデルの検討

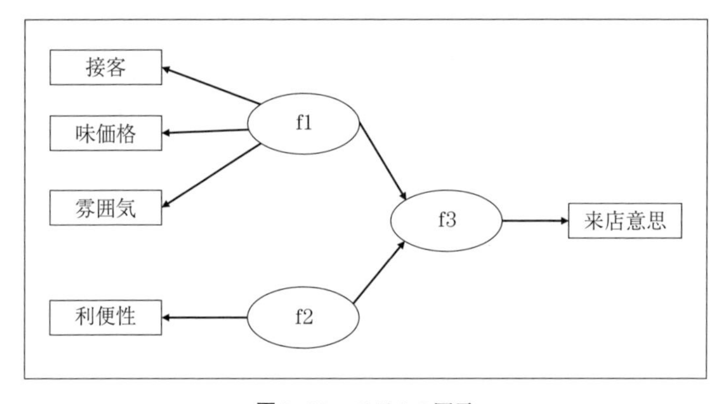

図 3.37　モデルの図示

〔3〕分　　析　パッケージ「lavaan」で分析を実行したときのコマンドが**図 3.38** であり，その実行結果が**図 3.39** である。sem 関数は構造モデルを指定している。

〔4〕考　　察　分析結果を基にして，f1，f2，f3 の潜在変数に対して，顧客満足，スイッチングコスト，そして顧客ロイヤリティと名前を付けて表現したものが**図 3.40** である。図中の値がパス係数であり，関係の強さを表すも

```
> # 分析
> fit <- sem(model=model1, data=d, estimator="ML")
>
> # 結果の確認
> summary(object=fit, fit.measure=TRUE)
lavaan 0.6-4 ended normally after 34 iterations
```

図 3.38　共分散構造分析の実行コマンド

```
Latent Variables:
                   Estimate  Std.Err  z-value  P(>|z|)
  f1 =~
    接客              1.000
    味価格            0.234    0.428    0.546    0.585
    雰囲気            0.986    0.563    1.751    0.080
  f2 =~
    利便性            1.000
  f3 =~
    来店意思          1.000

Regressions:
                   Estimate  Std.Err  z-value  P(>|z|)
  f3 ~
    f1                0.723    0.456    1.585    0.113
    f2                0.766    0.062   12.412    0.000

Covariances:
                   Estimate  Std.Err  z-value  P(>|z|)
  f1 ~~
    f2                0.076    0.057    1.333    0.183

Variances:
                   Estimate  Std.Err  z-value  P(>|z|)
   .接客              0.211    0.055    3.816    0.000
   .味価格            0.366    0.067    5.429    0.000
   .雰囲気            0.152    0.047    3.212    0.001
   .利便性            0.000
   .来店意思          0.000
    f1                0.066    0.051    1.287    0.198
    f2                0.994    0.182    5.477    0.000
   .f3                0.120    0.032    3.796    0.000
```

図 3.39　共分散構造分析の実行結果

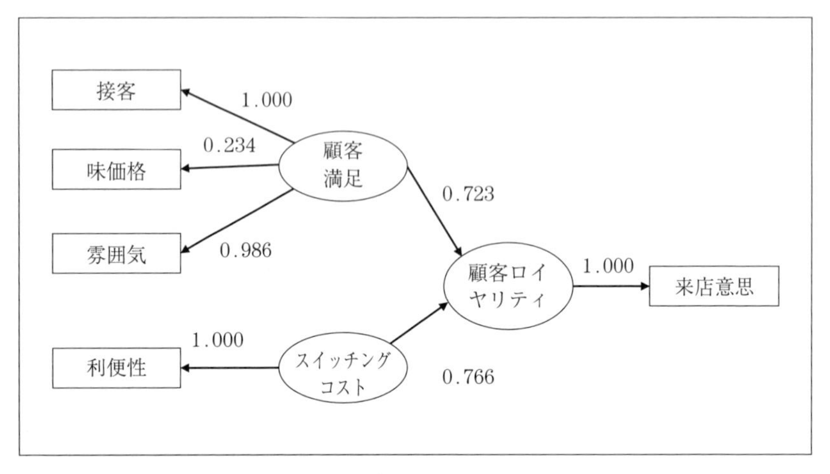

図 3.40　顧客ロイヤリティモデル

のである。ここでは，少ないデータから構築されたものではあるが，顧客の行動を示すものである。

【例題 3.1】

「例題 3.1_店舗売上と地域情報.csv」を用いて，地域のクラスター分析を行い，さらに対応分析を行って各クラスターの特徴を分析してみよう。

［**解答例**］　実行例を**図 3.41** に示す。

まずデータの各変数は,「15～29 歳」,「30～44 歳」,「45～64 歳」,「65～69 歳」,「人口密度」,「昼夜間人口比」,「1 次産業」,「2 次産業」,「3 次産業」である。ここで,「人口密度」は「1 平方キロメートル内の人口（桁は調整）」を示しており,「昼夜間人口比」は「夜間人口＝100 として昼間人口との比率」を示したものである。そのほかは割合のデータである。

ここで, 図 3.41 のデンドログラムの結果から, 大きく四つの群に分けた（**図 3.42**）。各クラスターは，47，47，16，15 のサンプル（地域）に分かれている。

```
> data_3.1<- read.csv("例題3.1_店舗売上と地域情報.csv",header=T,row.names=1)
> plot(hclust(dist(data_3.1),method="ward.D2"))
> z <- hclust(dist(data_3.1),method="ward.D2")
> summary(z)  #詳細結果を表示
            Length Class  Mode
merge       248    -none- numeric
height      124    -none- numeric
order       125    -none- numeric
labels      125    -none- character
method        1    -none- character
call          3    -none- call
dist.method   1    -none- character
> plot(z,main="クラスターデンドログラム",xlab="地域データクラスター.",ylab="距　離")
> y <- identify(z)  #クラスターの分類
```

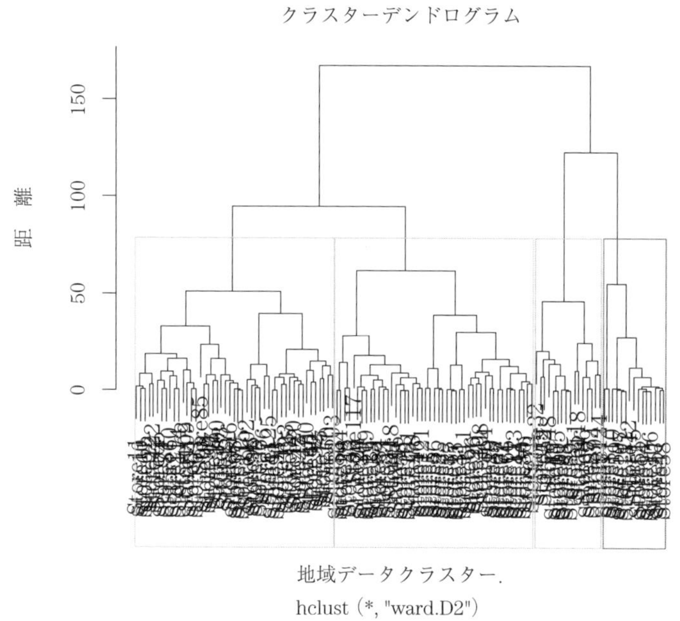

図 3.41　データを読み込んでクラスターを指定

```
[[1]]
 Store10  Store11  Store21  Store22  Store27  Store35  Store36  Store37  Store40  Store41  Store42  Store45  Store47
      10       11       21       22       27       35       36       37       40       41       42       45       47
 Store50  Store54  Store60  Store61  Store62  Store63  Store65  Store68  Store74  Store75  Store76  Store77  Store81
      50       54       60       61       62       63       65       68       74       75       76       77       81
 Store83  Store85  Store90  Store92  Store93  Store95  Store96  Store97  Store98  Store99 Store100 Store102 Store103
      83       85       90       92       93       95       96       97       98       99      100      102      103
Store109 Store114 Store115 Store116 Store120 Store122 Store123 Store125
     109      114      115      116      120      122      123      125

[[2]]
  Store1   Store2   Store3   Store5   Store6  Store16  Store17  Store18  Store19  Store20  Store23  Store24  Store25
       1        2        3        5        6       16       17       18       19       20       23       24       25
 Store26  Store28  Store29  Store30  Store31  Store33  Store34  Store38  Store39  Store43  Store44  Store46  Store53
      26       28       29       30       31       33       34       38       39       43       44       46       53
 Store56  Store64  Store66  Store67  Store70  Store71  Store72  Store73  Store78  Store79  Store80  Store82  Store84
      56       64       66       67       70       71       72       73       78       79       80       82       84
Store101 Store104 Store108 Store111 Store113 Store117 Store119 Store121
     101      104      108      111      113      117      119      121

[[3]]
 Store13  Store32  Store48  Store49  Store51  Store52  Store69  Store86  Store87  Store88  Store89  Store91  Store94
      13       32       48       49       51       52       69       86       87       88       89       91       94
Store105 Store118 Store124
     105      118      124

[[4]]
  Store4   Store7   Store8   Store9  Store12  Store14  Store15  Store55  Store57  Store58  Store59 Store106 Store107
       4        7        8        9       12       14       15       55       57       58       59      106      107
Store110 Store112
     110      112


> y1 <- identify(z,function(k)apply(data_3.1[k,],2,mean))   #クラスを(+)で指定
> #分類したクラスターごとの平均を導出
> y1


[[1]]
 15.29歳  30.44歳  45.64歳  65.69歳     人口密度 昼夜間人口比     1次産業      2次産業      3次産業
  25.102128    21.008511    28.031915     5.291489     4.138298    82.480851     3.553191    37.000000    59.446809

[[2]]
 15.29歳  30.44歳  45.64歳  65.69歳     人口密度 昼夜間人口比     1次産業      2次産業      3次産業
  25.774468    20.829787    27.978723     5.353191     7.136170    81.653191     1.851064    28.446809    69.702128

[[3]]
 15.29歳  30.44歳  45.64歳  65.69歳     人口密度 昼夜間人口比     1次産業      2次産業      3次産業
   22.59375     20.95625     26.78125      5.60000      1.43750    104.23125      4.87500     38.75000     56.37500

[[4]]
 15.29歳  30.44歳  45.64歳  65.69歳     人口密度 昼夜間人口比     1次産業      2次産業      3次産業
 24.5600000   21.1733333   28.0066667    5.2000000   13.8933333  108.2666667    0.6666667   21.2666667   78.0666667

> y2 <- identify(z,function(k)apply(data_3.1[k,],2,sd))   #クラスを(+)で指定
> #分類したクラスターごとの標準偏差を導出
> y2


[[1]]
 15.29歳  30.44歳  45.64歳  65.69歳     人口密度 昼夜間人口比     1次産業      2次産業      3次産業
  1.8314273    1.1928828    1.6039498    0.6586646    3.7046125    5.8919488    2.7251527    3.8897860    4.2672082

[[2]]
 15.29歳  30.44歳  45.64歳  65.69歳     人口密度 昼夜間人口比     1次産業      2次産業      3次産業
  1.2455954    1.2451497    1.5291282    0.6163889    3.5448938    7.6978216    1.2154570    3.1883518    3.2698550

[[3]]
 15.29歳  30.44歳  45.64歳  65.69歳     人口密度 昼夜間人口比     1次産業      2次産業      3次産業
  2.5720209    1.2727758    1.1455530    0.6418723    1.1684035    4.7677694    3.3640254    6.8264193    7.0793126

[[4]]
 15.29歳  30.44歳  45.64歳  65.69歳     人口密度 昼夜間人口比     1次産業      2次産業      3次産業
  1.0119289    0.5775152    1.0983537    0.8527267    2.2486398   10.1673614    0.7237469    3.7314621    4.2504902
```

図 3.42　各クラスターの要素とクラスター内での各変数の平均・標準偏差

つぎに，各クラスターの地域の特徴を分析するために対応分析を行う。まず，先ほどのクラスターごとの平均を CSV ファイルとして書き出す（**図 3.43**）。

data.frame 関数でデータ構造を示している。

```
> #(平均)のデータをcsvファイルに出力
> ndata<-data.frame(matrix(unlist(y1),nrow=4,byrow=T))
> write.csv(ndata, file="ndata.csv")
```

図 3.43　クラスター内での各変数の平均の CSV ファイルへの出力

対応分析を行うためには，データが整数になっている必要がある。そこで，出力した CSV ファイル（解答例では ndata.csv）を開き，整数になるように桁をそろえて，再度保存する。解答例では，ndataINT.csv と名前を変えて，保存した。そして，整数となるように修正した CSV ファイルを読み込み，対応分析を実行する様子を**図 3.44** に，プロットの結果を**図 3.45** に示す。

```
> library(MASS)   #パッケージの読み込み
> data_3.3.1 <- read.csv("ndataINT.csv",header=T,row.names=1)   #データの読み込み
> head(data_3.3.1 )   #最初の6行までを表示
  X1 X2 X3 X4 X5  X6 X7 X8 X9
1 25 21 28  5  4  82  4 37 59
2 26 21 28  5  7  82  2 28 70
3 23 21 27  6  1 104  5 39 56
4 25 21 28  5 14 108  1 21 78

> corresp.data_3.3.1 <- corresp(data_3.3.1,nf=4)
> #正準相関,行得点,列得点を求める,nfは求める軸の個数
> #nfの値は行数と列数の小さい方とした方が良い。つまりnf=min(行数,列数)
> corresp.data_3.3.1   #結果を表示(省略)

> value <- corresp.data_3.3.1$cor^2   #固有値を求める
> round(value,3)   #丸める
[1] 0.024 0.004 0.000 0.000
> round(100*value /sum(value),2)   #寄与率を求める
[1] 84.93 13.79  1.28  0.00
> biplot(corresp.data_3.3.1)   #結果をプロットする
```

図 3.44　対応分析を実行する様子

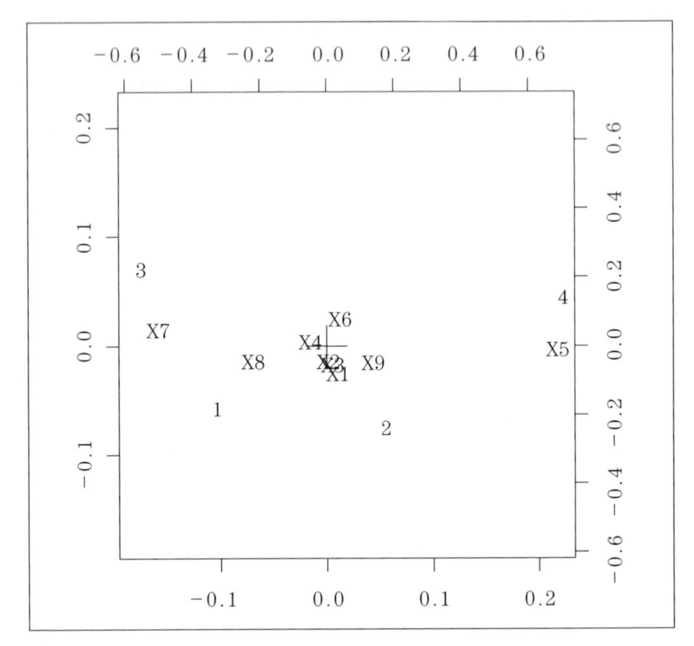

図 3.45　対応分析の結果のプロット

図 3.45 の結果から，変数 5（人口密度），変数 7（1 次産業），変数 8（2 次産業）以外は，各クラスター間での違いは見られない。まず，クラスター 1 とクラスター 3 は，変数 7 や変数 8 に近い様子がうかがえる。このことから，1 次産業や 2 次産業の割合が影響しているようである。また，クラスター 4 は変数 5 に近い様子から，地域の人口密度が影響していることがわかる。

【例題 3.2】

表 3.5「例 3.5_ レシートデータ（休日）.csv」のデータを用いて，商品名での分析を実施してみよう。分析にあたって，表 3.5 の「tran_receipt_name」のトランザクションデータから，アソシエーション分析を行ってみよう。まず，apriori 関数を用いて，支持度が 0.02 以上，確信度が 0.8 以上，頻出アイテムの最大数が 5 以上の相関ルールを抽出して，抽出された相関ルールを確認し，

結果を考察しなさい。

［**解答例**］ 3.6節を参考に行った分析結果の例を**図3.46**に示す。データの読み込みやアソシエーション分析に必要なトランザクションデータの生成に関しては3.6節を参照されたい。

```
> ar_receipt_name <- apriori(tran_receipt_name, p=list(support=0.02,confidence=0.8,maxlen=5))
Apriori

Parameter specification:
 confidence minval smax arem  aval originalSupport maxtime support minlen maxlen target   ext
        0.8    0.1    1 none FALSE            TRUE       5    0.02      1      5  rules FALSE

Algorithmic control:
 filter tree heap memopt load sort verbose
    0.1 TRUE TRUE  FALSE TRUE    2    TRUE

Absolute minimum support count: 4

set item appearances ...[0 item(s)] done [0.00s].
set transactions ...[225 item(s), 206 transaction(s)] done [0.00s].
sorting and recoding items ... [97 item(s)] done [0.00s].
creating transaction tree ... done [0.00s].
checking subsets of size 1 2 done [0.00s].
writing ... [6 rule(s)] done [0.00s].
creating S4 object  ... done [0.00s].

> inspect(sort(ar_receipt_name, by = 'support'))
    lhs                           rhs                     support    confidence lift      count
[1] {クリームチーズ(パン用)} => {食パン}               0.07766990 1.0000000   9.363636 16
[2] {小間切れ(国内豚)}         => {豆腐(木綿)}         0.05825243 0.8571429  12.612245 12
[3] {豆腐(木綿)}               => {小間切れ(国内豚)} 0.05825243 0.8571429  12.612245 12
[4] {おろし生わさび}           => {高級ビール}           0.04368932 1.0000000  14.714286  9
[5] {コロッケ(国産和牛)}       => {レモンサワー}       0.03883495 1.0000000  17.166667  8
[6] {健康ヨーグルト}           => {ひじき煮}             0.02912621 0.8571429  22.071429  6
```

図3.46 アソシエーション分析

抽出されたルールを支持度の高い順に並び換えて表示させた。分析結果から

［1］ クリームチーズ（パン用）が購入される際は，食パンも一緒に購入。

［2］ 小間切れ（国内豚）が購入される際は，豆腐（木綿）も一緒に購入。

［3］ 豆腐（木綿）が購入される際は，小間切れ（国内豚）も一緒に購入。

［4］ おろし生わさびが購入される際は，高級ビールも一緒に購入。

［5］ コロッケ（国産和牛）が購入される際は，レモンサワーも一緒に購入。

［6］ 健康ヨーグルトが購入される際は，ひじき煮も一緒に購入。

といったルールが，抽出されるだろう。抽出されたルールからは，消費者の行動についての仮説を立てることができる。例えば，［4］のルールからは，おろし生わさびと高級ビールとの関係の裏に，刺身が存在しているかもしれない。

［6］のルールからは，健康に気を付けている消費者の存在が考えられるかもしれない。こうした仮説をもとに，店舗内の商品の購買を促すような陳列に工夫することや，対象とする消費者を限定した特売セールの実施などに反映させることができる。

【例題 3.3】

「例題3.3_店舗満足度評価.csv」を用いて，潜在変数を「顧客満足」と「顧客ロイヤリティ」，さらに「スイッチングコスト」として，それらの関係を示すモデルを共分散構造分析により検討してみよう。性別は，1が男性，2が女性である。また，「顧客ロイヤリティ」は「(再) 来店の意思」とし，「スイッチングコスト」は「ポイントサービス」と「駅の近さ評価」とする。いずれも，5段階評価（5が満足）である。

［**解答例**］ **図 3.47** に分析方法の例を順に示す。結果は自身で確認すること。

```
> # パッケージの読み込み
> library(lavaan)

> # データ読み込み
> d<- read.table("例題3.3_店舗満足度評価.csv",header=T,sep=",")
> head(d) #先頭のデータ表示
  ID 性別 年齢 来店意思 人に紹介したい 駅から近い ポイント 味価格 接客 雰囲気
1  1    1   20        3              4          4        5      3    3      3
2  2    1   30        4              4          4        4      3    4      3
3  3    1   40        3              4          4        5      3    3      4
4  4    1   20        3              2          4        3      3    3      3
5  5    1   30        2              2          2        2      3    2      3
6  6    1   30        4              3          4        4      3    3      3


> # モデル表現
> model1 <- '
+ #潜在変数
+ f1 =~ 接客 + 味価格 + 雰囲気
+              f2 =~ ポイント + 駅から近い
+              f3 =~ 来店意思
+ #回帰
+              f3 ~ f1 + f2 '

> # 分析
> fit <- sem(model=model1, data=d, estimator="ML")

> # 結果の確認
> summary(object=fit, fit.measure=TRUE)
```

図 3.47　共分散構造分析

演 習 課 題

【3.1】「課題 3.1_23 区事業所数一覧（H28).csv」は，いろいろな産業の事業所数をまとめたデータである。クラスター分析を用いて，産業の事業所数から 23 区の特徴を導き出しなさい。

【3.2】「課題 3.2_顧客別店舗満足度評価.csv」は顧客満足度調査のデータである。顧客の特徴により評価の違いがあるだろうか。評価値は数字が大きいほど高くなる。対応分析を用いて検討しなさい。

【3.3】「課題 3.3_学習塾満足度評価.csv」を用いて,潜在変数を「顧客満足」と「顧客ロイヤリティ」，さらに「スイッチングコスト」として，それらの関係を示すモデルを共分散構造分析により検討しなさい。性別は，1 が男子で，2 が女子である。「顧客ロイヤリティ」は「人に紹介したい」とし,「スイッチングコスト」は「進学詳細情報」と「家から近い」としなさい。いずれも，5 段階評価（5 が満足）である。

4. マーチャンダイジング

［**ポイント**］ 顧客の購買傾向と店舗の評価がつかめたら，つぎに行うのが**マーチャンダイジング**（**MD**：MerchanDising）である。MD は，日本語で**商品化計画**とも呼ばれる。MD は，顧客 ID 付き POS データなどを活用して，ロイヤル顧客（継続購入してくれる顧客）のニーズに対応する必要がある。例えば，店舗あるいは地域にあった商品の企画・開発を行い，調達，商品構成の決定，さらに販売方法やサービスの立案，価格設定などを検討する。一般に，市場を**細分化**（segmentation）し，**ターゲット**（targeting）の絞込みを行い，自社の**立ち位置**（positioning）を決めることを **STP 分析**という。この分析により，どの市場で，どのような価値を提供していくかを決める。

流通業の場合は，自社で独自に企画し販売される**プライベートブランド**（**PB**：Private Brand）とメーカにより商品に付けられる**ナショナルブランド**（**NB**：National Brand）を取りそろえる企業がある。あるいは，すべて PB の**製造小売業**（**SPA**：Speciality store retailer of Private label Apparel）企業もある。ただし，ほとんどの流通企業の MD は NB 主体の品ぞろえが基本で，商品構成と価格政策に基づいた取引先政策が大きく反映する。

新商品開発などの調査分析としては，アンケート調査が有効である．調査の方法はいろいろ考えられる。従来の店頭や街頭で行う調査や留置き調査などの他にも，**会場テスト**（**CLT**：Central Location Test）や**コンジョイント分析**などが新製品開発の調査・分析で活用される。最近ではインターネットによるアンケート調査方法やインターネット上の情報の活用も行われている。インターネット上の情報活用の詳細は 5 章で説明する。ここではそのアンケート調査で行う設計について考える。アンケート調査の目的は，「売れる見込みの発見」である。商品や品ぞろえは組合せがいくつか考えられる。その中から適した中から適したものを選択して決定しなければならない。本章ではそのための手法を紹介する。

4.1 戦略事業計画

MDには，品ぞろえの決定がその活動の中心と考えることができるが，実際は価格や販売形態などの決定も含まれている。流通業のMDの中の品ぞろえの計画策定には，いくつかの方法論がある。

基本となるのは，POSデータを中心に自社内で部門別（商品カテゴリー別など）損益と棚割りソフトなどを活用して，商品の売れ筋，見せ筋，死筋を把握し改善計画を策定するものである。ただし，形式知と暗黙知を組み合わせて計画を立案している企業が多いのも事実である。

つぎに，大手流通企業などでは**リテイルサポート**（メーカや中間流通の商品施策支援）によるMD合同会などの定期開催に基づき，MDの活動計画を策定する。この発展型が**カテゴリーマネジメント**である。さらに，ビックデータとして顧客ID付きPOSデータを保有している企業では，ロイヤル顧客の支持商品およびサービスの評価などに基づくMD策定などが代表的な手法である。

ここからは，流通のMDより少し上位概念の戦略事業計画を行う場合の代表的なマーケティングの方法をいくつか紹介する。それらの考え方をいかに応用できるかに期待したい。

まず，複数の事業を有する企業の場合では，その多くは**SBU**（Strategic Business Unit：戦略事業単位）に各事業を分けていることが多い。

SBUの特徴を以下に挙げる。

1）企業のほかの部門とは独立して計画を立案でき，単一，もしくは複数の事業の集合である。

2）独自の競争相手をもつ。

3）戦略計画と利益成果に責任をもつマネージャがいる。

また，企業においては，さまざまな事業に適切に資源を分配する必要がある。特に，大企業ではその検討は大切である。製造業などがその検討のために複数の製品に対して経営資源の配分や戦略目標の策定などを行う管理方法である **PPM**（Product Portfolio Management）がある。そこで，その PPM について説明する。

4.1.1 PPM の 概 要

1) 多種類の製品を生産・販売したり，複数の事業を行ったりしている企業が，戦略的観点から経営資源の配分が最も効率的・効果的となる製品・事業相互の組合せ（ポートフォリオ）を決定するための経営分析・管理手法である。ボストンコンサルティンググループが開発した。

2) 外部変数（市場や産業の成長性，魅力度）と内部変数（自社の優位性，競争力・潜在力）の二つの視点から，製品や事業ごとに収益性，成長性，キャッシュ・フロー（cash flow：現金流量），などを評価し，その拡大，維持，収穫，撤退を決定する。

4.1.2 PPM における事業の特徴の紹介

PPM は，製造業での製品企画に関する経営戦略において重要な考え方である。これは自社の製品を評価する方法として考えられたもので，市場の成長率と相対市場シェアの二つの軸で評価する。その結果，**図 4.1** で示すように，事業のポジションを四つに分けて考えることができる[14]。

市場の成長性		
	花形製品（star）	戦略的製品（problem child）
	金のなる木製品（cash cow）	低迷製品（dog）
	相対市場シェア	

図 4.1 PPM における事業の分類

図 4.1 の各分類の呼び方と特徴を説明する。

1) 戦略的製品（問題児）　高成長市場を対象としているが，相対市場シェアが低い事業を指す。成長しているためシェア拡大の機会はあるが，さまざまな設備投資が必要となるので多くのキャッシュが必要となることから，問題児ともいわれている。

2）　花形製品　　高成長市場における市場リーダーで，かつての問題児が成長した事業を指す。花形は市場成長率も高いため，追加のキャッシュの投下が必要であり，必ずしもプラスのキャッシュ・フローをもたらすとは限らない。

3）　金のなる木製品　　かつて花形だった事業で，成長の鈍化した市場においても最大の相対市場シェアを維持している場合をいう。規模の経済性と，利益機会の多さから，巨額なキャッシュ・フローを生む。

4）　低迷製品（負け犬）　　低成長市場で，相対市場シェアが低い事業を指す。撤退が検討されるため負け犬ともいわれている。利益率が低いか，損失を出している。

つぎに，戦略（拡大，維持，収穫それに撤退）と各分類の関係を説明する。

1）　拡　大　　必要ならば，短期的利益を犠牲にしてでも，市場シェアを伸ばす戦略。問題児の事業に適している。

2）　維　持　　市場シェアの維持を目的とした戦略。大きなキャッシュ・フローを生み出す金のなる木の事業に適している。

3）　収　穫　　長期的な影響を考えず，短期的利益を獲得する戦略。問題児や負け犬，市場成長率が低くなった金のなる木に適している。

4）　撤　退　　資源をより有効な事業に使うために，事業を売却，または精算する戦略。負け犬や問題児の事業に適している。

4.2　事業目標の策定方法

マーケティング活動は，「売れる仕組みづくり」や「顧客が買いたくなる仕組みづくり」である。その際には，マーケティングの使用可能な複数の手段を組み合わせて戦略を立て，計画，実施することが大切である。戦略の基本となるものに，**マーケティング・ミックス**がある（**図 4.2**）。

製品 (**P**roduct) 顧客ソリューション (**C**ustomer Solution)	価格 (**P**rice) 顧客コスト (**C**ustomer cost)
流通 (**P**lace) 入手の利便性 (**C**onvenience)	プロモーション (**P**romotion) コミュニケーション (**C**ommunication)

図 4.2　マーケティング・ミックス（4P と 4C）

マーケティング・ミックスは，顧客の心を変化させて購買行動につなげる部分である「企業側の視点の考え方」と，顧客が購入の際に考慮する部分である「顧客側の視点」からなる。図 4.2 の各セルの上段に示すように，まず「企業側の視点の考え方」は，顧客に対して価値を具現化するためのもので，「製品，価格，流通，そしてプロモーション」の考えがある。それぞれの英語の頭文字で **4P** という[7]。一方の「顧客側の視点」は，図 4.2 の各セルの下段に示すように，「顧客の要求や価値（顧客ソリューション），購入・時間コスト（顧客コスト），買いやすさ（利便性），そして（コミュニケーションによる）顧客の納得」の考え方で，同じく頭文字をとって **4C** という[1]。これらの考え方はどれも重要な問題であり，戦略を立てるうえで大切である。

さらに，小売店は，その店ならではの取組みとして地域密着型の戦略を取り始めている。そのためにはその地域の人に合った販売アプローチを考えることが重要である。しかし，近年の生活スタイルの多様化により顧客の購買行動が複雑化し，消費者の要求もさまざまであり，買いやすさの要望もまちまちである。そのため企業は個々の顧客の来店のタイミングやニーズを考慮した販売方法や品ぞろえ，さらにクーポン配布などの施策が求められるようになっている。

各事業部は，さまざまな情報からそれぞれ独自の事業戦略を決める必要がある。マーケィングの実行過程（プロセス）は，市場の特性，自社の経営資源，市場における競争状況などさまざまな条件によって異なるので，一般的な基本プロセスは**図 4.3** の流れのようになる。

さらに，この基本的な流れは下記の STEP（1〜6）のように推進される。

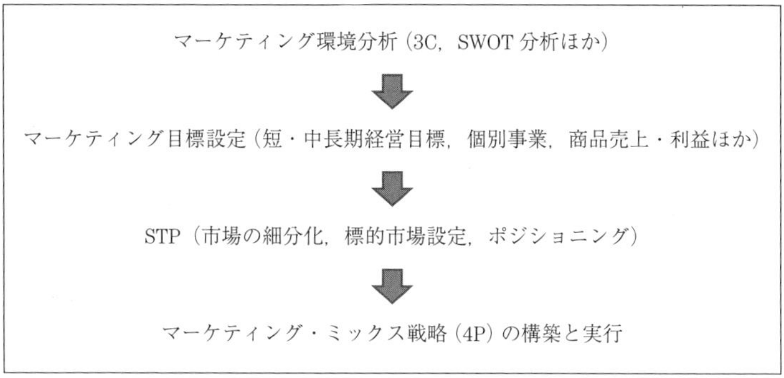

マーケティング環境分析（3C，SWOT 分析ほか）

マーケティング目標設定（短・中長期経営目標，個別事業，商品売上・利益ほか）

STP（市場の細分化，標的市場設定，ポジショニング）

マーケティング・ミックス戦略（4P）の構築と実行

図 4.3　マーケティングの実行基本プロセス

STEP 1　3C 分析，SWOT 分析　自社（**C**ompany），競合（**C**ustomer），顧客（**C**ompetitor）をリサーチ（**3C 分析**）して，自社の事業の強み（**S**trengths），弱み（**W**eaknesses），機会（**O**pportunities），脅威（**T**hreats）の全体的評価（**SWOT 分析**）を行う。

STEP 2　目標設定　計画対象期間の具体的な事業目標を立てる。

STEP 3　戦略策定　戦略とは，企業が競合他社に打ち勝つために策定するものである。以下はその具体的な例である。

・**全体的コストリーダーシップ**　さまざまなコスト削減を実現し，競合他社よりも低い価格を設定し，大きな市場シェアを獲得すること。

・**差別化**　サービス，品質，スタイル，技術などの分野で，他社が真似できない成果をあげること。

・**集　中**　一つか二つの狭い市場セグメントに絞り込み，事業を集中させること。

STEP 4　プログラム作成　研究開発や，営業部の強化など，提供物の生産を支援するプログラムを作る。

STEP 5　実行　準備したプランを実際に事業活動につなげる。

STEP 6　フィードバック　実際の事業活動を評価，分析する。

ここからは商品のとらえ方や特性を理解するために最も重要である商品戦略について触れてみたい(15)。

商品戦略とは，商品コンセプトに基づいてターゲット市場に適合する商品を提供するための戦略のことである。商品戦略の中心は商品開発や前述の品ぞろえ（商品構成）に関することであるが，コンセプトに基づいた機能，品質，デザイン，**ブランド**，ネーミングなどさまざまな意思決定が含まれる。

コトラーは商品を三層構造でとらえている。一つ目の層は商品の中心となる便益のコア機能（顧客が根本的に求めるもの），二つ目の層は正式な商品（機能，品質，パッケージ，デザインなど），三つ目の層は付随機能（保証，サービス・メンテナンスなど）である。このように商品を「**便益の束**」ととらえているわけであるが，商品戦略はその便益を商品コンセプト（理念の表明）として明確にすることが重要である。

商品は，商品開発（誕生）から廃棄までの段階である **PLC**（Product Life Cycle：商品ライフ・サイクル）に応じてマーケティング目標やマーケティング・ミックスの中身を変えた商品戦略を展開していく必要がある。

また，近年，消費財を扱う企業間において商品の機能や性能において特異化が難しくなってきているのも事実で，商品戦略におけるブランド戦略の重要性もいままで以上に増している。なお，ブランド戦略は 4.5 節で述べる。

以上のように，顧客は商品の機能や性能だけではなくさまざまな便益を求めている。ここで，商品の仕様などを決めるための製品企画に行われる代表的な分析手法である**コンジョイント分析**について説明する。

4.3　コンジョイント分析による製品企画

人は，商品を選択する場合，さまざまな条件の中から自分に合うものを選んでいる。そのための条件は，前述の 4C の中にもあったような，買いやすさなのか，価格なのか，あるいは使いやすさなのだろうか。例えば，携帯電話などでは，サービス内容や提供企業も大きな選択条件である。最終的な判断は，その人たちの経済状況や価値観によるところが大きいだろう。

コンジョイント分析は，好まれる商品やサービスに関する企画を選択するための分析である。商品やサービスの「何を」を「どの程度」変更すれば顧客に気に入ってもらえるのかを明らかにすることで，商品開発や店舗戦略立案の支援を目的としている。商品やサービスで考えられるアイデアを，直接的に対象者に評価してもらうのではなく，企画段階でアイデアの組合せを実験的に作成して被験者に評価してもらう。その際に大切なことは，何が顧客の行動を促進させるのかを考えて案を作成することである。つまり，選択に際してトレードオフ（一方を追求すると他方を犠牲にせざるを得ない関係）が発生するように考えて実験を企画しなければならない。それにより，「本当に重視すること」を明らかにすることで，「買いたい気持ちを強める力（効用値）」が明らかにされる。

コンジョイント分析が有効なのは，商品の選択ばかりではない。どのような店にしたら喜ばれるかを考えるときなどでも役に立つ。例えば，書店の設計を考えてみる。専門書店にするのか，満遍なく多様な本をそろえるのか，など考える要素は沢山ある。そこで，コンジョイント分析を用いて書店の設計段階で重視するべき点を検討するために，**表 4.1** の調査項目を考えた。この表から実験計画（直交表）を組んで，アンケート調査により順位付けを行う。その順位の結果，影響度が大きな項目から設計を考えていくことになる。

表 4.1　書店の設計を検討するための調査項目（コンジョイント分析）

特徴（属性）	水　準
本の品ぞろえ	満遍なくそろっているが，各ジャンルの品数は少ない。
	一部ジャンルに特化している。
併設のサービス	本以外の物品の取り扱いがある。
	本のみを取り扱っている。
検索・相談サービス	店内の案内は表示で行われている。
	本の知識を持った店員や検索機械がある。
店舗内レイアウト	取り扱われている本の分量が多い。
	通路を広くして店内を移動しやすくし，椅子や休憩場所がある。

商品の選択は個人の価値観と大いに関係している。最終的な判断は，その時点の顧客の考え方による。例えば，学生の卒業旅行としての旅行先の決定を考えてみよう。検討の要素として，行き先，日程，金額それに移動手段などが考えられる。誰と行くのかにもよるし，目的によっても異なるであろう。旅行会

社はそれを見越してさまざまなプランを提供するわけである。

コンジョイント分析は，顧客が商品やサービスのどの要素を重要視しているのかを探るための分析である。そのために，商品やサービスを要素に分解し，さらにそれらの要素を組み合わせたものを顧客に評価してもらい，要素の組合せからどのような評価が得られるのかを推定するのである。

それでは,「例 4.1_ コンジョイント分析データ（旅行）.csv」を用いてコンジョイント分析を解説する。

例 4.1 「例 4.1_ 因子と水準 .csv」（**表 4.2**）と「例 4.1_ コンジョイント分析データ（旅行）.csv」（後出の表 4.4）は，旅行プランに関するプラン要素と顧客の嗜好を調査した 100 人分のデータである。これを用いて，コンジョイント分析を実際に行ってみよう。

表 4.2　四つの因子と三つの水準

因　子	水　準
価格帯	「低い」,「普通」,「高い」
行き先	「北海道」,「京都」,「沖縄」
旅行期間	「一泊二日」,「二泊三日」,「三泊四日」
旅行時期	「春休み」,「GW（ゴールデンウィーク）」,「夏休み」

まず，旅行プランを要素に分割すると,「価格帯」,「行き先」,「旅行期間」,「旅行時期」のほか,「交通手段」,「食事の内容」,「温泉の有無」など，さまざまなものが挙げられる。ここでの分析では，国内旅行を対象とし,「価格帯」,「行き先」,「旅行期間」,「旅行時期」の四つを考えることにする。これを**因子**（**属性**）という。さらに，それぞれの因子に対して，三つの水準を用意して分析を行うことにする（表 4.2）。

この分析で評価する組合せ（プロファイル）を考えると，4 因子 3 水準のすべての組合せ数は，3 の 4 乗＝81 通りとなる。これらのすべてについて顧客に評価してもらい，そのデータを分析すれば，最も購買意欲を高める組合せは判明するだろう。しかし，実際に 81 通りに対する評価を実行することは現実的ではない。そこで実験計画法の直交表を適用することで，プロファイルの数を減らして，より効率的に分析を行うことができる。直交表は，どの二つの列（因子）についても，その水準のすべての組合せが同数回ずつ現れるように実験のための割り付けられた表であり，実験回数を減らすことができる。例えばL9直交表を用いることで，すべての組合せで81通りの質問が必要なところを，9通りのプロファイルによる調査で済ませることができる(16)。

ここではデータの取り方も含めた解説を行うために，まずコンジョイント分析が実行できる環境を整えることと，アンケート調査票を作成するところから説明を始める。

〔1〕 コンジョイント分析のインストール　　パッケージ「conjoint」がRにインストールされていない場合には，install.packages関数にてインストールを行う。その場合，前述と同様にWebサイト「CRAN」において，Japan（Tokyo）などを選択した状態でダウンロードを開始する。

```
>install.packages("conjoint")
```

インストールされていれば，つぎに示すようにlibrary関数で，パッケージ「conjoint」を呼び出す。

```
>library(conjoint)
```

〔2〕 プロファイルの作成　　つぎに，アンケート調査票の作成を行う。そのためにはまず，4因子3水準の旅行の企画を検討し，プロファイルを作成しなければならない。その関数を**図4.4**に示す。

```
> experiment <- expand.grid(
+    価格帯       = c("低い", "普通", "高い"),
+    行き先       = c("北海道", "京都", "沖縄"),
+    旅行期間     = c("一泊二日", "二泊三日", "三泊四日"),
+    旅行時期     = c("春休み", "GW", "夏休み"))
```

図4.4 プロファイルの作成のための因子と水準

図4.4のexpand.grid関数により，各因子（属性）の水準の作成を行う。さらに，**図4.5**のcaFactorialDesign関数により，**直交表**に基づいたプロファイルの作成を行い，その結果を変数「design」に代入する。

```
> design <- caFactorialDesign(data=experiment, type="orthogonal")
> design
   価格帯 行き先 旅行期間 旅行時期
5     普通    京都 一泊二日    春休み
10    低い  北海道 二泊三日    春休み
27    高い    沖縄 三泊四日    春休み
34    低い    沖縄 一泊二日        GW
42    高い    京都 二泊三日        GW
47    普通  北海道 三泊四日        GW
57    高い  北海道 一泊二日    夏休み
71    普通    沖縄 二泊三日    夏休み
76    低い    京都 三泊四日    夏休み
```

図 4.5　プロファイルの作成

また，caEncodedDesign 関数により，変数「design」に代入されたプロファイルを，文字型から因子型に変更し，変数「fac_design」に代入する。そして，行番号を 1〜9 に付け直す(L9)。ここで，作成したプロファイルの確認を**図 4.6**に表示してみる。左側の 1〜9 の値が実験番号であり，各項目内の 1〜3 の値が四つの因子それぞれの水準を表している。rownames 関数で行の名前を付けることができる。列の名前は，colnames 関数で付けることができる。

```
> fac_design <- caEncodedDesign(design)
> rownames(fac_design) <- rownames(rep(1:nrow(fac_design)))
> fac_design
  価格帯 行き先 旅行期間 旅行時期
1      2      2        1        1
2      1      1        2        1
3      3      3        3        1
4      1      3        1        2
5      3      2        2        2
6      2      1        3        2
7      3      1        1        3
8      2      3        2        3
9      1      2        3        3
```

図 4.6　プロファイルの確認

〔3〕　**直交関係の確認**　　作成した変数「fac_design」に対して，プロファイルの中身に直交関係が成立しているかどうかを相関係数により確認する。正しく直交しているのであれば，それぞれの因子間が独立（相関係数の値が 0）

```
> cor(fac_design)
         価格帯 行き先 旅行期間 旅行時期
価格帯        1      0        0        0
行き先        0      1        0        0
旅行期間      0      0        1        0
旅行時期      0      0        0        1
```

図 4.7 プロファイルの条件確認

となっているはずである。そのことを確認したものが**図 4.7** である。

対角要素の値が 1 でそれ以外が 0 であり，プロファイルに直交関係が成立していることが確認できた。そのプロファイルを表示したものが**表 4.3** である。

表 4.3 作成したプロファイル 9 通り

プロファイル	価格帯	行き先	旅行期間	旅行時期
1	普通	京都	一泊二日	春休み
2	低い	北海道	二泊三日	春休み
3	高い	沖縄	三泊四日	春休み
4	低い	沖縄	一泊二日	GW
5	高い	京都	二泊三日	GW
6	普通	北海道	三泊四日	GW
7	高い	北海道	一泊二日	夏休み
8	普通	沖縄	二泊三日	夏休み
9	低い	京都	三泊四日	夏休み

作成した表 4.3 のプロファイルに基づいて，どの旅行プランを好むのかを 100 人に回答してもらった。

九つのプランの中から，「どのプランで旅行したいか？」あるいは，「どのプランに魅力を感じるか？」で，順位や評価を付けてもらう。顧客の評価を得る際には，下記に示すようにいくつかの評価方法がある。ここでは，評定法（10 点満点で点数を付けてもらう）により，アンケートデータを得た。その結果が**表 4.4** の「例 4.1_コンジョイント分析データ（旅行）.csv」のデータである。

[代表的な評価方法]

順位法：1 位から n 位まで，順位を付けてもらう

評定法：10 点満点で点数を付けてもらう（0 点も含む）

恒常和法：持ち点 100 点をそれぞれに振り分けてもらう

表 **4.4** 例 4.1_コンジョイント分析データ（旅行）.csv

	プロファイル								
回答者	1	2	3	4	5	6	7	8	9
1	1	7	7	4	5	3	3	9	5
2	5	10	5	2	8	6	2	8	7
3	4	8	6	3	7	7	3	10	6
4	5	6	4	3	8	6	4	10	7
5	2	7	5	3	5	4	5	10	5
6	4	7	5	3	9	4	2	7	5
7	2	9	6	2	7	5	5	8	6
8	5	7	8	4	7	4	2	10	9
⋮	⋮	⋮	⋮	⋮	⋮	⋮	⋮	⋮	⋮
95	4	6	6	4	7	4	4	7	8
96	5	5	8	3	4	7	2	9	7
97	3	8	6	2	6	6	4	6	8
98	2	5	8	4	3	7	6	5	6
99	3	8	8	2	7	5	6	9	7
100	2	7	8	4	3	8	4	9	7

〔**4**〕 **データの読み込み**　アンケート結果である「例 4.1_コンジョイント分析データ（旅行）.csv」のデータを取り込む。それを変数「dat」に格納する。これまでと同様，head 関数によりデータの最初の 6 行分を確認したものが**図 4.8** である。

```
> dat <- read.csv("例4.1_コンジョイント分析データ(旅行).csv",header=T,row.names=1)
> head(dat)
  プロファイル1 プロファイル2 プロファイル3 プロファイル4 プロファイル5
1             1             7             7             4             5
2             5            10             5             2             8
3             4             8             6             3             7
4             5             6             4             3             8
5             2             7             5             3             5
6             4             7             5             3             9
  プロファイル6 プロファイル7 プロファイル8 プロファイル9
1             3             3             9             5
2             6             2             8             7
3             7             3            10             6
4             6             4            10             7
5             4             5            10             5
6             4             2             7             5
```

図 4.8　アンケート結果の取り込み

コンジョイント分析の結果を解釈するために，ラベル（各因子の水準）の作成を行う（**図 4.9**）。

```
> travel_levels <- data.frame(levels=c("低い", "普通","高い","北海道","京都",
+ "沖縄","一泊二日", "二泊三日", "三泊四日","春休み", "GW", "夏休み"))
```

図 4.9 水準のラベル付け

〔5〕 **コンジョイント分析の実行**　**図 4.10** に示すコンジョイント分析の結果，p 値がとても小さな値となっている因子「旅行期間」，「旅行時期」が有意になっていることがわかる。このことから，これらの二つの因子がプラン選びの際に特に重要視されていることが確認された。

```
> Conjoint(dat,fac_design, travel_levels)

Call:
lm(formula = frml)

Residuals:
   Min     1Q Median     3Q    Max
 -3,64  -1,07  -0,01   1,08   4,33

Coefficients:
                       Estimate Std. Error t value Pr(>|t|)
(Intercept)            5,381111   0,052201 103,085  < 2e-16 ***
factor(x$価格帯)1      0,018889   0,073823   0,256  0,79811
factor(x$価格帯)2      0,172222   0,073823   2,333  0,01987 *
factor(x$行き先)1     -0,007778   0,073823  -0,105  0,91612
factor(x$行き先)2      0,178889   0,073823   2,423  0,01558 *
factor(x$旅行期間)1 -2,254444   0,073823 -30,539  < 2e-16 ***
factor(x$旅行期間)2  1,545556   0,073823  20,936  < 2e-16 ***
factor(x$旅行時期)1  0,192222   0,073823   2,604  0,00937 **
factor(x$旅行時期)2 -0,904444   0,073823 -12,252  < 2e-16 ***
---
Signif. codes:  0 '***' 0,001 '**' 0,01 '*' 0,05 '.' 0,1 ' ' 1

Residual standard error: 1,566 on 891 degrees of freedom
Multiple R-squared:  0,5651,    Adjusted R-squared:  0,5612
F-statistic: 144,7 on 8 and 891 DF,  p-value: < 2,2e-16
```

図 4.10 コンジョイント分析の結果

さらに，各水準の部分効用値（個々の要素が影響する度合い）と各因子の重要度の算出結果についても，その値の比較をグラフで確認することができる。部分効用値を**図 4.11** に，比較のグラフを**図 4.12** と**図 4.13** に示す。また，因子の重要度を表す寄与率のプロットを**図 4.14** に示す。なお，図 4.12〜図 4.14 は Excel で作成したものである。

```
[1] "Part worths (utilities) of levels (model parameters for whole sample):"
     levnms    utls
1  intercept  5,3811
2        低い  0,0189
3        普通  0,1722
4        高い -0,1911
5      北海道 -0,0078
6        京都  0,1789
7        沖縄 -0,1711
8    一泊二日 -2,2544
9    二泊三日  1,5456
10   三泊四日  0,7089
11     春休み  0,1922
12         GW -0,9044
13     夏休み  0,7122
[1] "Average importance of factors (attributes):"
[1] 16,39 16,58 44,38 22,65
[1] Sum of average importance:  100
[1] "Chart of average factors importance"
```

図 4.11　コンジョイント分析の部分効用値

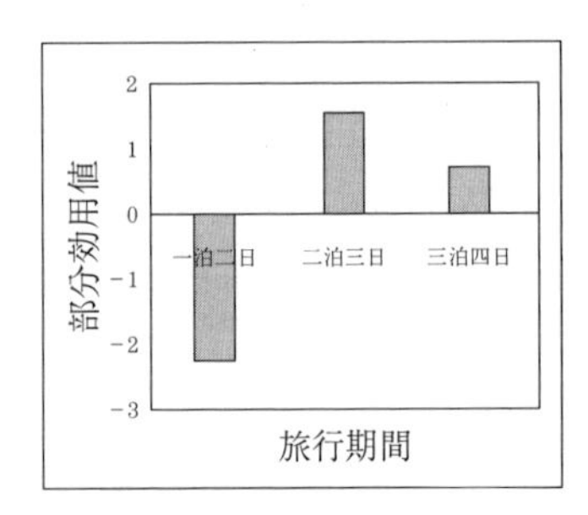

図 4.12　「旅行期間」の部分効用値のプロット

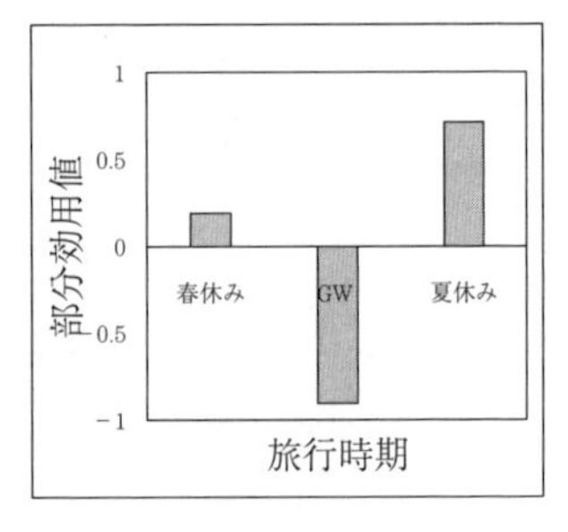

図 4.13　「旅行時期」の部分効用値のプロット

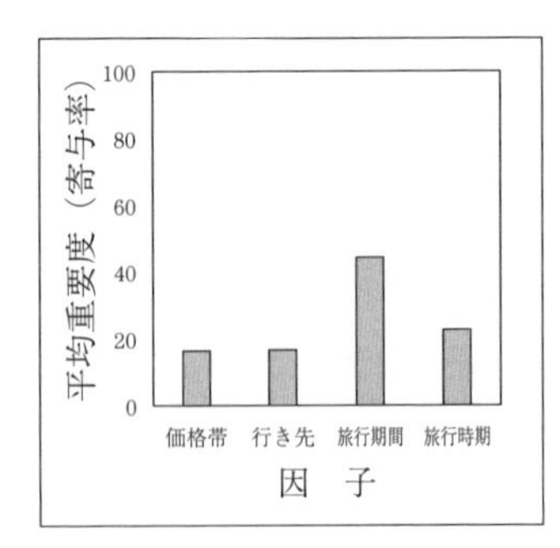

図 4.14　各因子の寄与率のプロット

〔**6**〕 **考　　察**　例えば，図4.12の「旅行期間」の部分効用値のプロットから，一泊二日のプランに対する評価が低いことが確認できる。

また，図4.13の「旅行時期」については，夏休み時期のプランの評価が高く，GW時期のプランの評価が低いことが確認できる。

さらに，図4.14の各因子の寄与率のプロットからも，プラン選びに対する「旅行期間」と「旅行時期」の重要度が高いことを確認することができる。

顧客は，自身が各因子をどれくらい重視しているのかについて自覚していないことが多い。そのため，このようなコンジョイント分析を行うことで，個別の属性の重要度を直接に尋ねることなく，全体の組合せとしての評価結果から重要視されている属性を見つけ出すことができる。

4.4 ブランドとブランドの効果

私たちは，さまざまな情報や商品・サービスに囲まれて生活をしている。その中から実際に手に取る商品やサービスを何気なく選択している。その判断に大きな影響を及ぼすものが「ブランド」といえる。

デービッド・A・アーカー（David A. Aaker）は，**ブランド・エクイティ**（brand equity）を「ブランド名やシンボルと結び付いた資産/負債の集合のことで，製品のサービスの価値を増減させるもの」であるとして[17]，企業価値を左右する「資産」として考えている。それは負の資産となる場合もあり，例えば小売業やサービス産業において不誠実な対応や一貫性のない態度は，企業イメージを低下させてしまう。

ここで，エクイティという言葉は資産から負債を差し引いた正味資産のことである。つまりブランド・エクイティとは，ブランドがもつ信頼感や知名度など無形の価値を企業資産として評価したものを指す。

さらに，アーカーは，ブランド・エクイティを以下のように要素分解して説明している[17]。

・ブランド・ロイヤリティ（ブランドへの忠誠心）

・ブランド認知（ブランドの認知度）
・知覚品質（顧客が感じるブランドの品質）
・ブランド連想（ブランドのイメージ）
・その他の知的所有権のある無形資産（特許，商標，取引関係など）

ブランドと聞くと，やはり高級品のイメージを抱くだろう。しかし，いろいろなとらえ方がある。なんとなく立ち寄るとか，こだわりがあることもブランドの要素をもっている。ここで，コーヒーショップを例に考えてみる。最近はチェーン店であっても，顧客は決まったお店に行く傾向がある。安さや近さもあるが，そのほかにPCを使用するスペースがあるからとか，コーヒーにこだわりがあるからなど，さまざまな理由で利用するお店を決めているようである。そこで，対応分析を用いて，その店をなぜ利用するのかについて店舗ごとにその特徴を分析する。

例 4.2　**表 4.5** の「例 4.2_コーヒーショップ評価.csv」のデータは，顧客に比較的よく利用するコーヒーショップをイメージしてもらい，なぜそこを選ぶのかの調査を行った結果である。表中の値は人数である。店舗を選ぶ基準に，ブランドの意識があるのだろうか。対応分析で検討してみよう。

表 4.5　例 4.2_コーヒーショップ評価.csv

店　舗	名前で決めている	おしゃれ	若者向き	ビジネスマン向き	雰囲気が良い	安　い	こだわりがある	高級感	設備が充実
A	24	45	20	11	15	25	29	13	35
B	40	49	45	30	25	30	35	15	36
C	35	23	35	20	30	34	28	20	30
D	25	20	30	15	16	12	15	10	28
E	20	22	11	25	32	11	24	25	15
F	20	15	28	23	22	32	45	22	18

〔1〕 **データの読み込み**　例 4.2 の評価データを変数「data_4.2」に読み込み，さらに，その一部を表示させた（**図 4.15**）。

〔2〕 **対応分析の実行**　実行方法に関してはすでに3章で説明したので，割愛する。特徴を説明するためには，固有値や寄与率それに主成分の得点を求

```
> library(MASS)  #パッケージの読み込み
> data_4.2 <- read.csv("例4.2_コーヒーショップ評価.csv",header=T,row.names=1) #データの読み込み
> head(data_4.2 )  #最初の6行までを表示
  名前で決めている おしゃれ 若者向き ビジネスマン向き 雰囲気が良い 安い
A               24       45       20               11           15   25
B               40       49       45               30           25   30
C               35       23       35               20           30   34
D               25       20       30               15           16   12
E               20       22       11               25           32   11
F               20       15       28               23           22   32
  こだわりがある 高級感 設備が充実
A             29     13         35
B             35     15         36
C             28     20         30
D             15     10         28
E             24     25         15
F             45     22         18
```

図 4.15　各コーヒーショップの評価者数

```
> corresp.data_4.2 <- corresp(data_4.2,nf=6)
> #正準相関，行得点，列得点を求める。nfは求める軸の個数である。
> #nfの値は行数と列数のうち、小さい方とした方が良い。つまりnf=min(行数，列数)
> corresp.data_4.2   #結果を表示

 Row scores:
        [,1]        [,2]        [,3]        [,4]        [,5] [,6]
A  1.1661028  0.53750914 -1.69580239  0.72797517  0.45128603   -1
B  0.6869690  0.07216346  0.22646379 -1.34610489 -1.05453347   -1
C -0.1382435 -0.61902139  0.69424465  1.55198834 -1.01614370   -1
D  0.7993878  0.10598770  1.65700783 -0.03949692  1.88255978   -1
E -1.6687445  1.88467340  0.03614901 -0.03202476  0.03880764   -1
F -1.1346459 -1.54483272 -0.74733613 -0.57994263  0.68321400   -1

 Column scores:
                          [,1]       [,2]       [,3]       [,4]
名前で決めている  0.4402325092  0.1581120  0.9837512  0.4202060
おしゃれ          1.2899137382  1.4159517 -1.2382591 -0.6459493
若者向き          0.6830259642 -1.1617712  1.4303772 -0.8182380
ビジネスマン向き -1.0069966097  0.5200807  0.6941415 -1.8918448
雰囲気が良い     -1.2429568934  1.0027946  0.7125478  0.9814704
安い             -0.0003738536 -1.6594049 -0.8817740  1.1355208
こだわりがある   -0.7087617666 -0.9050316 -1.3718611 -0.8299919
高級感           -1.7014613126  0.6839304 -0.2886829  0.8840188
設備が充実        1.1744220892  0.2813538  0.1561273  1.0412846
                        [,5]        [,6]
名前で決めている -0.7265504  0.09967078
おしゃれ         -0.7570981 -0.94718783
若者向き          0.2658549 -1.06800031
ビジネスマン向き -0.3679938 -1.28998242
雰囲気が良い     -0.5795855 -1.31156699
安い             -1.5326054 -1.24293441
こだわりがある    0.9560134 -0.56171752
高級感            0.9547094 -0.58229027
設備が充実        1.7587987 -1.23410608
```

図 4.16　正準相関係数と主成分の得点

める必要がある。なお，固有値と寄与率，それに正準相関係数との間には以下の関係がある。

固有値＝（正準相関係数）の二乗

寄与率＝（固有値／固有値の合計）×100　〔%〕

図 4.16 は，正準相関係数と主成分の得点を求めたものである。

つぎに，固有値と寄与率を求め，その結果を**図 4.17** に示す。さらに biplot 関数により，第 1 軸と第 2 軸から各店舗の二つの項目の関係を**図 4.18** に示す。

```
> value <- corresp.data_4.2$cor^2   #固有値を求める
> round(value,3)   #値を丸める
[1] 0.041 0.019 0.015 0.005 0.002 0.000
> round(100*value /sum(value),2)   #寄与率を求める
[1] 49.84 23.25 18.61  5.76  2.53  0.00
> biplot(corresp.data_4.2)   #結果をプロットする
```

図 4.17　固有値と寄与率の結果

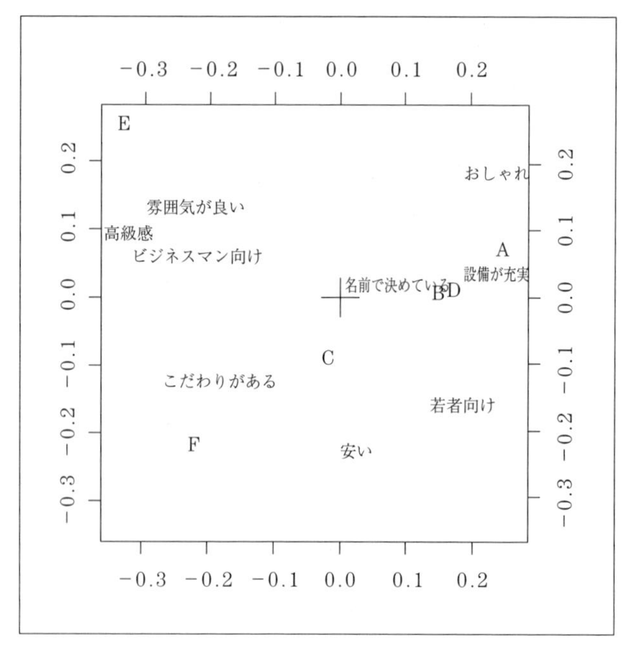

図 4.18　店舗および評価項目の関係

これらの結果により，各店舗の特徴を知ることができる。

〔3〕 考　　察　図4.18から，A，B，Dの店舗は比較的近い評価を得ている。その理由には，「名前で決めている」，「設備が充実している」などがある。名前が定着していることは，名前だけで資産価値があることになる。言い換えると「ブランド力」があることを示している。

4.5 ブランド戦略

ブランドの価値を高めて，市場の競争優位を獲得することを目的とするブランド戦略はとても重要である。

消費者が店頭で商品を選ぶとき，あるいはサービスを利用する決断をするとき，「見たことがあるもの」や「すでに知っているもの」，「親しみを感じているもの」を選択する傾向がある。また，『「習慣で買う」のつくり方』（ニール・マーティン著）[18]によると，消費者の行動の大半は無意識的に選択を行う「習慣脳」に支配されており，自分でもなぜこれを買っているのかわからない状況にあるという。

だれしも，スーパーマーケットで気づくと，いつも同じルートを通っている，なぜかいつも決まった数種類の商品の中からしか選んでいない，などという経験があるのではないだろうか。このように，企業が消費者に選んでもらうために，そして購買をリピートしてもらうためには，企業は消費者の「習慣」になることが必要である。そして「習慣」の最たる例がブランドなのである。ブランド・エクイティを高めておくことによって，他社と比較しての競合優位性を保てるだけでなく，顧客の安心感につながり，使用満足度やロイヤリティが向上する効果も期待できる。

企業のマーケティングにおいて，いかにブランドを創り，マネジメントしていくか，ブランドを資産ととらえて価値を高めていくか，などは非常に大きなテーマであるといえる。

さて，企業はブランド名を決定したあと，ブランド戦略を策定する。ブランド戦略にはつぎの五つの選択肢がある。それについて解説する。

(1)　**ライン拡張戦略**　　**ライン拡張戦略**とは，同じブランド名を用いて，同一の製品カテゴリーに新しいアイテムを加えることである。具体的には，新しい風味，形，色，材料，包装サイズの種類などを増やすことを指す。ライン拡張戦略のメリットは，ライン拡張品が市場で生き残る可能性が高いことである。一方，デメリットは，自社の他の製品の価値を弱めたり，カニバライズ（自社製品内の顧客の奪い合い）の可能性がある。

(2)　**ブランド拡張戦略**　　**ブランド拡張戦略**とは，既存のブランド名を利用して，ほかのカテゴリーの新製品を売り出すことである。ブランド拡張戦略のメリットは，企業に新しい市場への参入を可能にし，事業多角化による収益増をもたらすことである。一方，デメリットは消費者の意識でブランドと製品が結びつかない場合や新製品の品質が悪いと，ブランドの希釈化が起こる可能性がある。

(3)　**マルチブランド戦略**　　**マルチブランド戦略**とは，同じ製品カテゴリーの中で，新たなブランドを追加していく戦略である。企業は，いままでにない特徴を購買者へ訴え，新たな購買層を獲得することを目的としている。マルチブランド戦略のメリットは企業の多角化を優位にすることである。一方，デメリットは，ライン拡張戦略と同様に，自社の他の製品の価値を弱めたり，カニバライズの可能性である。

(4)　**新ブランド戦略**　　企業が新製品を新しいカテゴリーで売り出す際，既存のブランド名で商品を出すことがふさわしくない場合がある。そのときに，まったく新しいブランド名を商品に付け，売り出すのが**新ブランド戦略**である。新ブランド戦略は，企業が新しい市場に参入するときに役立つ。その反面，新たなブランド立ち上げには，莫大なコストがかかる。

(5)　**共同ブランド戦略**　　**共同ブランド戦略**とは，二つ以上のブランドを結合させて，一つの商品として市場に出すことを指す。共同ブランド戦略では，相手のブランドと一緒に商品を創り上げるので，双方がそれぞれ新しい顧客層を獲得することが期待される。

4.6 決定木分析による店舗選択の分析

決定木分析は，多くの「結果」と「要因」との関係から，「影響の強い要因」あるいは「要因の組合せ」を階層的に把握するための手法である。

例えば，ブランドに対して「優良顧客」となっている要因は何か。繁盛店に対してどのような条件がそろうと来店してくれるのかを把握することができる。要因がはっきりすれば，その後の店舗戦略に生かすことができる。例を使って決定木分析について学習しよう。

例 4.3 **表 4.6**「例 4.3_決定木データ.csv」は，飲食店を選ぶときに，気にする点は何かについて 100 人に調査した結果である。設問は表にあるとおりである。この結果から，店舗を選択する際の意思決定過程から性別を判定することを検討してみよう。

表 4.6 例 4.3_決定木データ.csv

ID	性別	安さが大切	評判を気にする	新しい店舗を好む	TPO に気をつかう	品質が第一	決まった店舗がある
1	男性	No	Yes	No	No	No	Yes
2	男性	No	No	No	No	Yes	No
3	女性	No	No	No	No	Yes	Yes
4	男性	No	Yes	No	No	No	Yes
5	男性	Yes	No	No	Yes	No	No
6	男性	No	No	No	No	No	No
7	男性	No	Yes	No	Yes	No	Yes
8	女性	No	No	No	No	Yes	Yes
⋮	⋮	⋮	⋮	⋮	⋮	⋮	⋮
96	男性	No	No	No	Yes	No	No
97	男性	No	No	No	No	No	No
98	女性	No	No	No	No	No	No
99	女性	No	No	No	No	Yes	No
100	女性	No	No	No	Yes	No	No

〔**1**〕 **決定木分析のインストール**　ここでは，意思決定の際に何を先に考えるか。言い換えると，一番重要な判断基準が何かを考えることによって，意

思決定過程を分析する。そこで，決定木分析を行うことにした。

分析のためのパッケージは，決定木分析の計算で「rpart」，描画で「partykit」を使用する。まず，これまでと同じように，まだパッケージがインストールされていない場合には，install.packages 関数でインストールを行う。そして，library 関数にて，パッケージ「rpart」と「partykit」を呼び出す。それを**図 4.19** に示す。

```
> install.packages("rpart")  #installがされていない場合
> install.packages("partykit")  #installがされていない場合
> library(rpart) #パッケージの宣言_決定木モデル
> library(partykit) #パッケージの宣言_可視化パッケージ
```

図 4.19　「決定木分析」のパッケージのインストールと呼び出し

〔**2**〕 **データの読み込み**　　店舗選択の基準に関するアンケートのデータを，**図 4.20** に示すように変数「data_4.3」に読み込み，その内容を確認する。

```
> data_4.3<- read.csv("例4.3_決定木データ.csv",header=T,row.names=1)
> head(data_4.3)
  性別 安さが大切 評判を気にする 新しい店舗を好む TPOに気をつかう
1 男性         No            Yes               No               No
2 男性         No             No               No               No
3 女性         No             No               No               No
4 男性         No            Yes               No               No
5 男性        Yes             No               No              Yes
6 男性         No             No               No               No
  品質が第一 決まった店舗がある
1         No                Yes
2        Yes                 No
3        Yes                Yes
4         No                Yes
5         No                 No
6         No                 No
> str(data_4.3)
'data.frame':   100 obs. of  7 variables:
 $ 性別              : Factor w/ 2 levels "女性","男性": 2 2 1 2 2 2 2 :
 $ 安さが大切        : Factor w/ 2 levels "No","Yes": 1 1 1 1 2 1 1 1 1
 $ 評判を気にする    : Factor w/ 2 levels "No","Yes": 2 1 1 2 1 1 2 1 1 1
 $ 新しい店舗を好む  : Factor w/ 2 levels "No","Yes": 1 1 1 1 1 1 1 1 1 1
 $ TPOに気をつかう   : Factor w/ 2 levels "No","Yes": 1 1 1 1 2 1 2 1 2 1
 $ 品質が第一        : Factor w/ 2 levels "No","Yes": 1 2 2 1 1 1 1 1 2 1
 $ 決まった店舗がある: Factor w/ 2 levels "No","Yes": 2 1 2 2 1 1 2 2 2 2 .
```

図 4.20　データの読み込み

〔3〕 **決定木分析の実行**　前述のように，本書では決定木分析の計算にはパッケージ「rpart」を，描画にはパッケージ「partykit」を用いることにする。まず，店舗の選択を決定木でたどり，その選択の考え方をするのは男性か女性かの判別を検討する。そのためのコマンドと結果を**図 4.21** に示す。

```
> result_model_rpart = rpart(性別 ~ . , data = data_4.3)
> #決定木分析の実行(※引数は回帰分析と同じ)

> result_model_rpart #結果の表示
n= 100

node), split, n, loss, yval, (yprob)
      * denotes terminal node

 1) root 100 46 男性 (0.4600000 0.5400000)
   2) 評判を気にする=No 84 39 女性 (0.5357143 0.4642857)
     4) 品質が第一=Yes 21  6 女性 (0.7142857 0.2857143) *
     5) 品質が第一=No 63 30 男性 (0.4761905 0.5238095)
      10) TPOに気をつかう=Yes 33 14 女性 (0.5757576 0.4242424) *
      11) TPOに気をつかう=No 30 11 男性 (0.3666667 0.6333333) *
   3) 評判を気にする=Yes 16  1 男性 (0.0625000 0.9375000) *
> plot(as.party(result_model_rpart)) #モデルの可視化
```

図 4.21　決定木分析の実行結果

このままでも結果を理解することは可能であるが，より可視化にしたほうが望ましい。図 4.21 の下部にあるようなコマンドにより，実行結果を可視化できる。その結果を**図 4.22** に示す。

〔4〕 **考　　察**　この例題のデータに関していえることは，飲食店を選ぶ際に評判を気にするのは男性に多いということである。一方，評判を気にしないが品質（飲食店の場合は，接客，価格，味など）を気にする人は女性の割合が高いということも，分析結果に現れている。

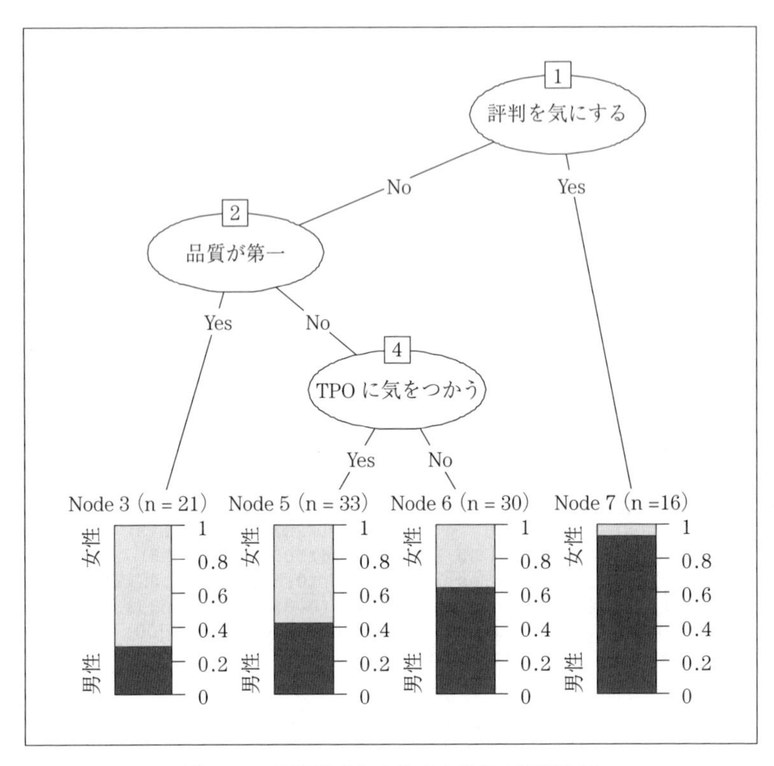

図 4.22　可視化された決定木分析の実行結果

【例題 4.1】

コンジョイント分析において水準の決め方は重要である。いま，ある地域へのレストランの出店を考えている。そこで，コンジョイント分析を行うための因子と水準の候補案を二つ検討した。それが**表 4.7** と**表 4.8** である。

表 4.7　四つの因子と三つの水準：調査 1

因　子	水　準
価格帯	「4000 円」,「5000 円」,「6000 円」
メニュー	「中華」,「イタリアン」,「和食」
雰囲気	「庶民的」,「若者向け」,「落ち着きあり」
場所	「駅前」,「住宅街」,「繁華街」

表 4.8　四つの因子と三つの水準：調査 2

因　子	水　準
価格帯	「5000 円」,「7500 円」,「10000 円」
メニュー	「中華」,「イタリアン」,「和食」
雰囲気	「庶民的」,「若者向け」,「落ち着きあり」
場所	「駅前」,「住宅街」,「繁華街」

一つは客単価を 5000 円程度にした検討案（調査 1）である。もう一つは，金額を高めにして，さらにその金額にバラツキを持たせた検討案（調査 2）である。それぞれ出店を考えている地域の 100 人から回答を得た。なお，評価方法は順位付けによる方法とし，強く思う「9」から，それほど好まない「1」までの，9 段階での評価となっている。それが，「例題 4.1_コンジョイント分析データ（レストラン 1).csv」と「例題 4.1_コンジョイント分析データ（レストラン 2).csv」である。このように，因子は共通であるが，水準が異なる調査となっている。これらの調査結果に対してコンジョイント分析を実行し，水準の決め方の重要性を検討してみよう。

［**解答例**］

(1)　コンジョイント分析の実行：調査 1　　まず，調査 1 のアンケート調査票の作成を行う。そのためまず 4 因子 3 水準の店舗企画からプロファイルを作成する。その際，expand.grid 関数により，各因子（属性）の水準の作成し，caFactorialDesign 関数により，直交表に基づいたプロファイルの作成を行い，その結果を変数「design」に代入する（**図 4.23**）。なお，パッケージ「conjoint」のインストール部分は省略している。

さらに**図 4.24** のように，caEncodedDesign 関数により，変数「design」に代入されたプロファイルを，文字型から因子型に変更し，その結果を変数「fac_design」に代入する。

図 4.25 に 100 人の回答データを読み込み，変数「dat」に格納した様子を，実行結果を**図 4.26** に示す。

作成したプロファイルを整理したものを**表 4.9** に示す。

```
> #プロファイルの作成
> experiment <- expand.grid(
+   価格帯       = c("4000", "5000", "6000"),
+   メニュー       = c("中華", "イタリアン", "和食"),
+   雰囲気     = c("庶民的", "若者向け", "落ち着きあり"),
+   場所     = c("駅前", "住宅街", "繁華街"))

> # caFactorialDesign()関数により，直交表に基づいたプロファイルの作成
> design <- caFactorialDesign(data=experiment, type="orthogonal")
> design   #その結果をdesignに代入
   価格帯     メニュー          雰囲気     場所
5     5000 イタリアン            庶民的     駅前
10    4000           中華        若者向け     駅前
27    6000           和食 落ち着きあり     駅前
34    4000           和食           庶民的 住宅街
42    6000 イタリアン       若者向け 住宅街
47    5000           中華 落ち着きあり 住宅街
57    6000           中華           庶民的 繁華街
71    5000           和食        若者向け 繁華街
76    4000 イタリアン 落ち着きあり 繁華街
```

図 4.23　プロファイルの作成のための因子と水準（調査 1）

```
> # caEncodedDesign()関数により，designに代入されたプロファイルを，
> # 文字型から因子型に変更
> fac_design <- caEncodedDesign(design)

> #さらに，fac_designの行番号を1～9と付け直す
> rownames(fac_design) <- rownames(rep(1:nrow(fac_design)))
> fac_design
  価格帯 メニュー 雰囲気 場所
1       2         2       1     1
2       1         1       2     1
3       3         3       3     1
4       1         3       1     2
5       3         2       2     2
6       2         1       3     2
7       3         1       1     3
8       2         3       2     3
9       1         2       3     3
```

図 4.24　プロファイル作成（調査 1）

```
> dat <- read.csv("例題4.1_コンジョイント分析データ(レストラン1).csv",header=T,row.names=1)
> head(dat)
  プロファイル1 プロファイル2 プロファイル3 プロファイル4 プロファイル5
1             2             1             3             9             8
2             1             2             4             9             7
3             2             1             3             9             8
4             2             3             1             8             9
5             2             1             3             9             8
6             1             2             3             7             8
  プロファイル6 プロファイル7 プロファイル8 プロファイル9
1             7             4             6             5
2             8             3             5             6
3             7             4             6             5
4             7             6             4             5
5             7             4             6             5
6             9             4             6             5
```

図 4.25　データの読み込み（調査 1）

```
> #コンジョイント分析の結果を解釈するために，ラベル(各因子の水準)の作成
> restaurant_levels <- data.frame(levels=c("4000", "5000", "6000",
+ "中華", "イタリアン", "和食",
+ "庶民的", "若者向け", "落ち着きあり",
+ "駅前", "住宅街", "繁華街"))

> Conjoint(dat,fac_design, restaurant_levels)

Call:
lm(formula = frml)

Residuals:
   Min     1Q Median     3Q    Max
 -1,71  -0,44  -0,01   0,51   1,59

Coefficients:
                        Estimate Std. Error t value Pr(>|t|)
(Intercept)             5,000000   0,022888 218,451  < 2e-16 ***
factor(x$価格帯)1    -0,020000   0,032369  -0,618  0,53682
factor(x$価格帯)2    -0,093333   0,032369  -2,883  0,00403 **
factor(x$メニュー)1 -0,540000   0,032369 -16,683  < 2e-16 ***
factor(x$メニュー)2 -0,010000   0,032369  -0,309  0,75744
factor(x$雰囲気)1    -0,040000   0,032369  -1,236  0,21688
factor(x$雰囲気)2    -0,003333   0,032369  -0,103  0,91800
factor(x$場所)1      -2,996667   0,032369 -92,578  < 2e-16 ***
factor(x$場所)2       3,000000   0,032369  92,681  < 2e-16 ***
---
Signif. codes:  0 '***' 0,001 '**' 0,01 '*' 0,05 '.' 0,1 ' ' 1

Residual standard error: 0,6867 on 891 degrees of freedom
Multiple R-squared:   0,93,     Adjusted R-squared:  0,9294
F-statistic:  1479 on 8 and 891 DF,  p-value: < 2,2e-16
```

図 4.26　コンジョイント分析の実行結果（調査 1）

表 **4.9**　プロファイル（調査 1）

プロファイル	価格帯	メニュー	雰囲気	場所
1	5000	イタリアン	庶民的	駅前
2	4000	中華	若者向け	駅前
3	6000	和食	落ち着きあり	駅前
4	4000	和食	庶民的	住宅街
5	6000	イタリアン	若者向け	住宅街
6	5000	中華	落ち着きあり	住宅街
7	6000	中華	庶民的	繁華街
8	5000	和食	若者向け	繁華街
9	4000	イタリアン	落ち着きあり	繁華街

(2)　実行結果の確認と考察：調査 1　改めて各水準の部分効用値と重要度を**図 4.27** と**図 4.28** に示す。図 4.28 からわかるように，この水準で検討した因子の中で，評価が大きいのは「場所」のようである。図 4.27 より，「場所」では住宅街が求められているようである。その他の「価格帯」や「メニュー」，そして「雰囲気」には大きな差がないようである。

```
[1] "Part worths (utilities) of levels (model parameters for whole sample):"
        levnms    utls
1    intercept       5
2         4000   -0,02
3         5000 -0,0933
4         6000  0,1133
5         中華   -0,54
6   イタリアン   -0,01
7         和食    0,55
8       庶民的   -0,04
9     若者向け -0,0033
10 落ち着きあり  0,0433
11        駅前 -2,9967
12      住宅街       3
13      繁華街 -0,0033
[1] "Average importance of factors (attributes):"
[1]  8,38 15,22  8,04 68,35
[1] Sum of average importance:  99,99
[1] "Chart of average factors importance"
>
> mtext("平均重要度", side = 2, line = 2, at=NA)
> mtext("因 子", side = 1, line = 2, at=NA)
```

図 4.27　各水準の部分効用値と因子の重要度（調査 1）

(3)　コンジョイント分析の実行：調査 2　調査 1 と同様にして行う。まず，調査 2 のプロファイルを作成する。プロファイルの作成のための因子と水

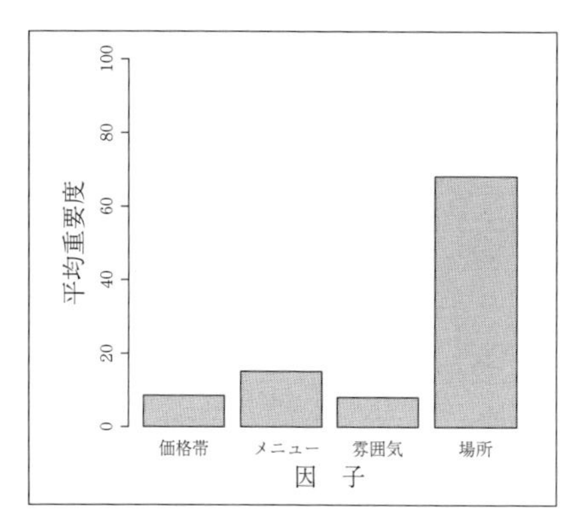

図 4.28 各因子の重要度のグラフ（調査 1）

```
> library(conjoint)
> #プロファイルの作成
> experiment2 <- expand.grid(
+   価格帯      = c("5000", "7500", "10000"),
+   メニュー     = c("中華", "イタリアン", "和食"),
+   雰囲気     = c("庶民的", "若者向け", "落ち着きあり"),
+   場所     = c("駅前", "住宅街", "繁華街"))
> design2 <- caFactorialDesign(data=experiment2, type="orthogonal")
> design2
   価格帯   メニュー        雰囲気    場所
5    7500 イタリアン          庶民的    駅前
10   5000          中華     若者向け    駅前
27  10000          和食 落ち着きあり    駅前
34   5000          和食       庶民的 住宅街
42  10000 イタリアン     若者向け 住宅街
47   7500          中華 落ち着きあり 住宅街
57  10000          中華       庶民的 繁華街
71   7500          和食     若者向け 繁華街
76   5000 イタリアン 落ち着きあり 繁華街


> fac_design2 <- caEncodedDesign(design2)
> rownames(fac_design2) <- rownames(rep(1:nrow(fac_design2)))
> fac_design2
  価格帯 メニュー 雰囲気 場所
1      2        2      1    1
2      1        1      2    1
3      3        3      3    1
4      1        3      1    2
5      3        2      2    2
6      2        1      3    2
7      3        1      1    3
8      2        3      2    3
9      1        2      3    3
```

図 4.29 プロファイル作成（調査 2）

表 4.10　プロファイル（調査2）

プロファイル	価格帯	メニュー	雰囲気	場所
1	7500	イタリアン	庶民的	駅前
2	5000	中華	若者向け	駅前
3	10000	和食	落ち着きあり	駅前
4	5000	和食	庶民的	住宅街
5	10000	イタリアン	若者向け	住宅街
6	7500	中華	落ち着きあり	住宅街
7	10000	中華	庶民的	繁華街
8	7500	和食	若者向け	繁華街
9	5000	イタリアン	落ち着きあり	繁華街

準の読み込みの様子を**図 4.29** に，作成したプロファイルを**表 4.10** に示す。

図 4.30 のように調査 2 の 100 人のデータを読み込み，コンジョイント分析を実行した結果を**図 4.31** に示す。

```
> dat2 <- read.csv("例題4.1_コンジョイント分析データ(レストラン2).csv",header=T,row.names=1)
> head(dat2)
  プロファイル1 プロファイル2 プロファイル3 プロファイル4 プロファイル5
1            3            1            5            4            9
2            2            1            4            5            8
3            3            1            5            4            9
4            3            2            4            5            7
5            3            1            5            4            9
6            3            1            5            4            8
  プロファイル6 プロファイル7 プロファイル8 プロファイル9
1            7            8            6            2
2            7            9            6            3
3            7            8            6            2
4            9            8            6            1
5            7            8            6            2
6            7            9            6            2
```

図 4.30　データの読み込み（調査 2）

(4)　実行結果の確認と考察：調査 2　　改めて各水準の部分効用値と重要度をまとめたのが**図 4.32** と**図 4.33** である。図 4.33 からわかるように，この水準で検討した因子の中で，評価が大きいのは「場所」のほかに，調査 1 とは異なり，「価格帯」も影響があるようである。図 4.32 より，「場所」では住宅街が，「価格帯」では 10000 円が求められているようである。また，その他の「メニュー」や「雰囲気」には大きな差がないようである。

以上の二つの調査からわかるように，水準の決め方により結果が変わってし

```
> #コンジョイント分析の結果を解釈するために、ラベル(各因子の水準)の作成
> restaurant_levels2 <- data.frame(levels=c("5000", "7500", "10000",
+ "中華", "イタリアン", "和食",
+ "庶民的", "若者向け", "落ち着きあり",
+ "駅前", "住宅街", "繁華街"))

> Conjoint(dat2,fac_design2, restaurant_levels2)

Call:
lm(formula = frml)

Residuals:
   Min      1Q Median      3Q     Max
 -1,76  -0,17  -0,05    0,24    1,88

Coefficients:
                      Estimate Std. Error  t value Pr(>|t|)
(Intercept)            5,00000    0,01559  320,719  < 2e-16 ***
factor(x$価格帯)1    -2,63000    0,02205 -119,288  < 2e-16 ***
factor(x$価格帯)2     0,41667    0,02205   18,899  < 2e-16 ***
factor(x$メニュー)1  0,50000    0,02205   22,678  < 2e-16 ***
factor(x$メニュー)2 -0,43667    0,02205  -19,806  < 2e-16 ***
factor(x$雰囲気)1     0,11667    0,02205    5,292 1,53e-07 ***
factor(x$雰囲気)2     0,30667    0,02205   13,909  < 2e-16 ***
factor(x$場所)1      -1,96667    0,02205  -89,201  < 2e-16 ***
factor(x$場所)2       1,62667    0,02205   73,780  < 2e-16 ***
---
Signif. codes:  0 '***' 0,001 '**' 0,01 '*' 0,05 '.' 0,1 ' ' 1

Residual standard error: 0,4677 on 891 degrees of freedom
Multiple R-squared:  0,9675,    Adjusted R-squared:  0,9672
F-statistic:  3317 on 8 and 891 DF,  p-value: < 2,2e-16
```

図 4.31　コンジョイント分析の実行結果（調査 2）

まうことがある。そのため，いろいろな角度からの検討が必要である。調査 1 と調査 2 で共通していることとして，「場所」に関しては住宅街に出店するのが良さそうであることがわかった。さらに，「価格帯」が高い店が望まれているようである。価格帯が特に高い場合（調査 2）においては，重要度は低いが，中華料理で若者でも入りやすいお店が良さそうである。もちろん，もっと価格帯を下げた調査を行えば，結果は異なるであろう。

```
Residual standard error: 0,4677 on 891 degrees of freedom
Multiple R-squared:  0,9675,    Adjusted R-squared:  0,9672
F-statistic:  3317 on 8 and 891 DF,  p-value: < 2,2e-16

[1] "Part worths (utilities) of levels (model parameters for whole sample):"
         levnms    utls
1     intercept       5
2          5000   -2,63
3          7500  0,4167
4         10000  2,2133
5          中華     0,5
6    イタリアン -0,4367
7          和食 -0,0633
8        庶民的  0,1167
9      若者向け  0,3067
10 落ち着きあり -0,4233
11         駅前 -1,9667
12       住宅街  1,6267
13       繁華街    0,34
[1] "Average importance of factors (attributes):"
[1] 47,39  9,71  7,80 35,09
[1] Sum of average importance:  99,99
[1] "Chart of average factors importance"
>
> mtext("平均重要度(寄与率)", side = 2, line = 2, at=NA)
> mtext("因　子", side = 1, line = 2, at=NA)
```

図 4.32　各水準の部分効用値と因子の重要度（調査 2）

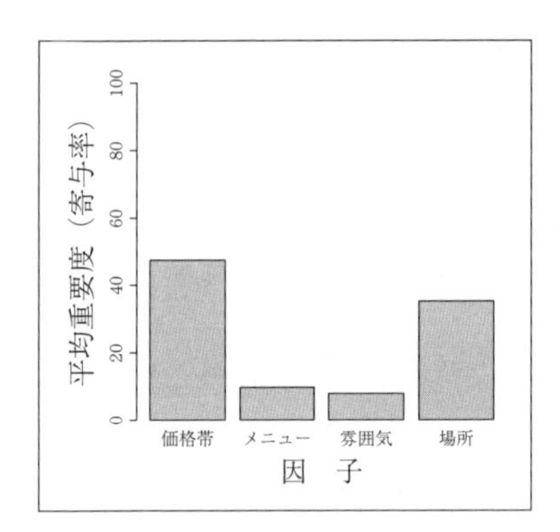

図 4.33　各因子の重要度のグラフ（調査 2）

【例題 4.2】

表 4.11 の「例題 4.2_国別ブランド志向.csv」は，国ごとでのブランド製品に対する考え方を調査したデータ（そう思うと回答した人数）である。ブランド製品に対する考え方として，国によってどのような特徴があるのかを対応分析によって検討してみよう。

表 **4.11**　例題 4.2_ 国別ブランド志向 .csv

国　名	企業名で決めている	おしゃれ	使いやすい	丈　夫	デザインが良い	高級感	アフターケアが良い	手頃な値段
A	54	45	57	58	55	56	40	5
B	46	49	60	52	40	50	45	12
C	35	20	26	16	28	24	28	15
D	25	45	24	15	16	22	15	10
E	20	42	11	25	32	29	24	15
F	20	15	28	10	22	32	45	22
G	25	20	34	15	16	14	36	55
H	39	22	40	16	13	12	42	45

［解答例］

(1)　データの読み込み　「例題 4.2_ 国別ブランド志向 .csv」のデータを変数「data_4.2」に読み込んだ。その一部を**図 4.34** に示す。

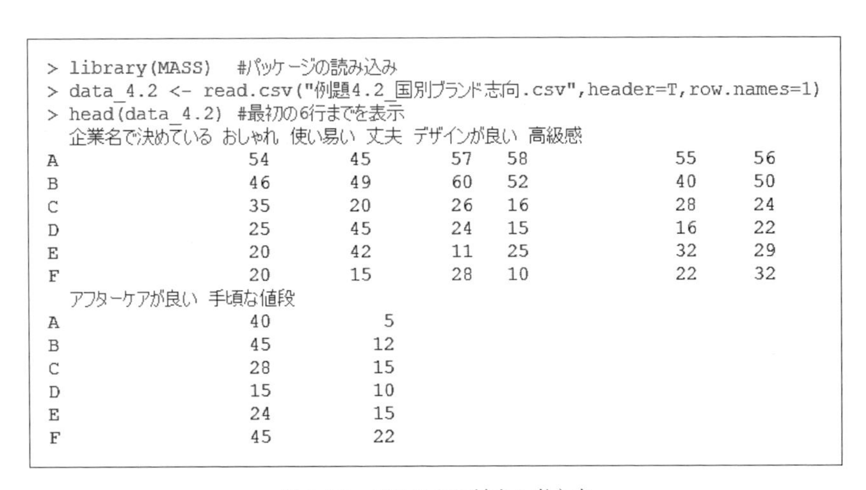

```
> library(MASS)   #パッケージの読み込み
> data_4.2 <- read.csv("例題4.2_国別ブランド志向.csv",header=T,row.names=1)
> head(data_4.2) #最初の6行までを表示
  企業名で決めている おしゃれ 使い易い 丈夫 デザインが良い 高級感
A                 54       45       57   58             55     56
B                 46       49       60   52             40     50
C                 35       20       26   16             28     24
D                 25       45       24   15             16     22
E                 20       42       11   25             32     29
F                 20       15       28   10             22     32
  アフターケアが良い 手頃な値段
A                 40          5
B                 45         12
C                 28         15
D                 15         10
E                 24         15
F                 45         22
```

図 4.34　ブランドに対する考え方

(2)　対応分析の実行　**図 4.35** と**図 4.36** に，正準相関係数と主成分の得点を示す。

つぎに，固有値と寄与率を求める。その結果を**図 4.37** に示す。

```
> corresp.data_4.2 <- corresp(data_4.2,nf=8)
> #正準相関,行得点,列得点を求める
> #nfは求める軸の個数, nf=min(行数, 列数)
> corresp.data_4.2   #結果を表示

 Row scores:
        [,1]        [,2]        [,3]        [,4]        [,5]       [,6]
A  0.98707584  0.72182023 -0.46763593 -0.70829757 -0.15823775  0.4777895
B  0.66823790  0.41114847 -0.64801260  0.05785185  1.12773945 -0.4802753
C  0.06326271  0.58289986  0.20518663  0.31609245 -2.48989461  0.6049487
D  0.56489187 -2.13632986 -0.60462441  1.92628455  0.09681307  1.0042038
E  0.61951957 -1.57059039  1.65475735 -1.27080968 -0.23988386 -1.2055570
F -0.53027100  1.22455960  2.06499495  1.41608926  0.76978735  0.1290022
G -1.84279955 -0.43845652 -0.09770126 -1.24363858  0.63321452  1.5177419
H -1.46145203  0.04625506 -1.04901260  0.40987401 -0.51199452 -1.7828755
        [,7] [,8]
A -1.31566183   -1
B  1.37612334   -1
C  1.40339048   -1
D -0.45727176   -1
E  0.05021999   -1
F -0.50800119   -1
G  0.31622700   -1
H -0.74468624   -1
```

図 4.35　正準相関係数と主成分の得点（1）

```
 Column scores:
                          [,1]       [,2]        [,3]       [,4]
企業名で決めている -0.01077778  0.2234082 -1.04900510  0.5242543
おしゃれ            0.64533960 -2.2635490 -0.01539087  0.7496801
使い易い           -0.19766311  0.8048911 -1.36106146  0.7492471
丈夫                0.92199676  0.2481882 -0.95613830 -1.9782179
デザインが良い      0.73011481  0.2580453  1.07797655 -1.1479923
高級感              0.79394660  0.4490703  1.20197165  0.4640231
アフターケアが良い -0.65135609  0.8577627  1.06752485  0.7784689
手頃な値段         -2.63617731 -0.8504313  0.22220490 -1.1298597
                         [,5]       [,6]       [,7] [,8]
企業名で決めている -1.9488357 -0.3891320 -0.9556217    1
おしゃれ            0.3179157 -0.2937478  0.4094282    1
使い易い            0.8518753  1.0404905  0.9809876    1
丈夫                1.0021545 -1.1291301 -0.5255625    1
デザインが良い     -1.2622521  0.8033834  1.5324447    1
高級感              0.6344350  1.1487935 -1.6840149    1
アフターケアが良い  0.3389510 -1.6535225  0.4916242    1
手頃な値段          0.1222222  0.6855659 -0.5148226    1
```

図 4.36　正準相関係数と主成分の得点（2）

図 4.37 からわかるように，第 1 軸と第 2 軸の寄与率の累積が 80％を超えている。そのため，この 2 軸から特徴が説明できそうである。ここで二つの項目

```
> value <- corresp.data_4.2$cor^2   #固有値を求める
> round(value,3)   #値を丸める
[1] 0.101 0.022 0.013 0.007 0.005 0.001 0.000 0.000
> round(100*value /sum(value),2)   #寄与率を求める
[1] 67.79 14.97  8.94  4.58  3.10  0.62  0.00  0.00
> biplot(corresp.data_4.2)   #結果をプロットする
```

図 4.37　固有値と寄与率の結果

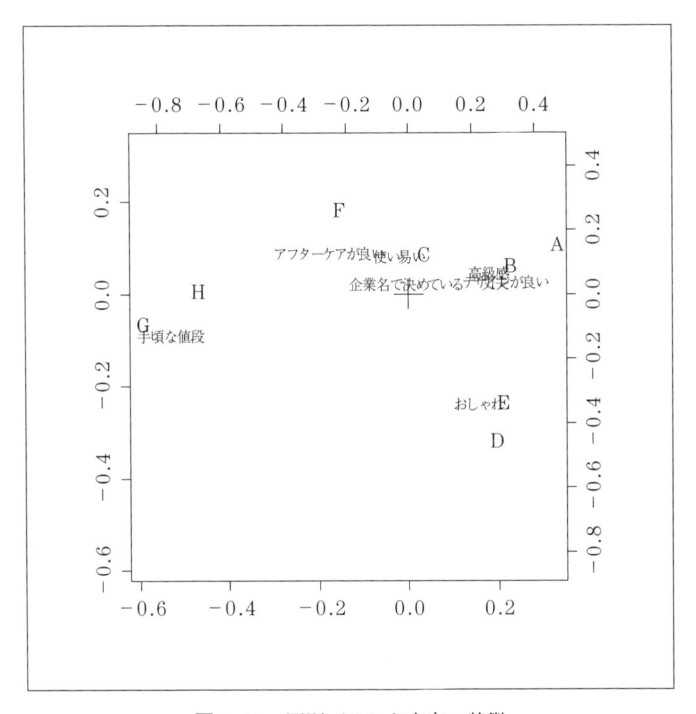

図 4.38　国別ブランド志向の特徴

の関係を biplot 関数で図示したのが，**図 4.38** である。これらの結果により，国別の考え方の特徴を知ることができる。

〔**3**〕**考　　察**　図 4.38 から，A 国，B 国は，似通っていて，「丈夫」，「高級感」，「デザインの良さ」を重要視している。D 国や E 国は，「おしゃれ」感を大切にしている。また，G 国や H 国は，「手頃な値段」を希望しており，価格が特に気になるようである。その他，F 国は「アフターケア」のサービス

が重要なようである。なお，C国には大きな特徴は見られない。

【例題 4.3】

「例題 4.3_ 決定木データ.csv」は，ファッションに関する顧客の嗜好を調査したアンケートデータである（n=3117）（**表 4.12**）。アンケートデータには，各回答者の性別と，質問項目「有名人のファッションを参考にする」，「異性の目を気にする」，「奇抜なファッションが好き」，「TPOに気をつかう」，「体型をカバーできる服を買う」，「好きなブランドがある」に対する「Yes」，「No」での回答結果が記録されている。性別とファッションに対する嗜好の関係を検討してみよう。

表 4.12　決定木データ（一部）

ID	sex	有名人のファッションを参考にする	異性の目を気にする	奇抜なファッションが好き	TPOに気をつかう	体型をカバーできる服を買う	好きなブランドがある
1	男性	No	Yes	No	No	No	Yes
2	男性	No	No	No	No	Yes	No
3	女性	No	No	No	No	Yes	Yes
4	男性	No	Yes	No	No	No	Yes
5	男性	Yes	No	No	Yes	No	No
6	男性	No	No	No	No	No	No
7	男性	No	Yes	No	Yes	No	Yes
8	女性	No	No	No	No	Yes	Yes
9	女性	No	No	No	Yes	No	Yes
10	女性	Yes	No	No	No	No	Yes
11	男性	Yes	Yes	No	No	No	Yes

［**解答例**］

このデータを決定木分析することにより，顧客の嗜好と性別に関するモデルを構築する。まず，結果を可視化するために**図 4.39** のように必要なパッケージを，install.packages 関数によりインストールする。決定木分析を実行するためにはパッケージ「rpart」が，可視化のためにはパッケージ「partykit」がそれぞれ必要である。インストール後は，**図 4.40** のようにパッケージを読み込む。

```
> install.packages("rpart")   #決定木を実行するためのパッケージ

> install.packages ("partykit")   #結果を可視化するためのパッケージ
```

図 4.39 決定木分析の実行と可視化パッケージのインストール

```
> library(rpart) #パッケージの宣言_決定木モデル
> library(partykit) #パッケージの宣言_可視化パッケージ
```

図 4.40 決定木分析の実行と可視化パッケージの読み込み

準備ができたので，データを読み込み，決定木モデルの作成に進む。データを読み込んだあとは，head 関数により先頭のデータを確認する。また，str 関数によりデータの構造も確認しておく（**図 4.41**）。

```
> data_4.3 <- read.csv("例題4.3_決定木データ.csv",header=T,row.names=1)
> head(data_4.3)
  sex 有名人のファッションを参考にする 異性の目を気にする
1 男性                              No                Yes
2 男性                              No                 No
3 女性                              No                 No
4 男性                              No                Yes
5 男性                             Yes                 No
6 男性                              No                 No
  奇抜なファッションが好き TPOに気をつかう 体型をカバーできる服を買う
1                       No              No                         No
2                       No              No                        Yes
3                       No              No                        Yes
4                       No              No                         No
5                       No             Yes                         No
6                       No              No                         No
  好きなブランドがある
1                  Yes
2                   No
3                  Yes
4                  Yes
5                   No
6                   No
> str(data_4.3)
'data.frame':   3117 obs. of  7 variables:
 $ sex                              : Factor w/ 2 levels "女性","男性": 2 2
 $ 有名人のファッションを参考にする: Factor w/ 2 levels "No","Yes": 1 1 1 1 2 1 1 1
 $ 異性の目を気にする               : Factor w/ 2 levels "No","Yes": 2 1 1 2 1
 $ 奇抜なファッションが好き         : Factor w/ 2 levels "No","Yes": 1 1 1 1 1 1 1
 $ TPOに気をつかう                  : Factor w/ 2 levels "No","Yes": 1 1 1 1 2
 $ 体型をカバーできる服を買う       : Factor w/ 2 levels "No","Yes": 1 2 2 1 1 1 1
 $ 好きなブランドがある             : Factor w/ 2 levels "No","Yes": 2 1 2 2 1 1
```

図 4.41 決定木分析実行のためのデータの読み込み

つぎに，**図 4.42** のように，決定木分析を実行する。なお，引数の指定方法は，前述の回帰分析の部分を参考にされたい。

```
> result_model_rpart = rpart(sex ~., data = data_4.3)
> result_model_rpart
n= 3117

node), split, n, loss, yval, (yprob)
      * denotes terminal node

1) root 3117 973 女性 (0.68784087 0.31215913)
  2) 体型をカバーできる服を買う=Yes 788  74 女性 (0.90609137 0.09390863) *
  3) 体型をカバーできる服を買う=No 2329 899 女性 (0.61399742 0.38600258)
    6) 異性の目を気にする=No 1950 665 女性 (0.65897436 0.34102564) *
    7) 異性の目を気にする=Yes 379 145 男性 (0.38258575 0.61741425) *
```

図 4.42　決定木分析の実行

分析の結果は変数「result_model_rpart」に代入し，表示している。図 4.42 中の「*」は，それ以上分岐せずに残ったリーフノード（最終的な分岐結果）である。顧客の嗜好から男性・女性を識別するモデルが構築されていることがわかる。さらに，plot（as.party）関数により，構築した決定木のモデルの可視化を行う。分析結果が入っている変数「result_model_rpart」を代入して，**図 4.43** のように結果を可視化する。

図 4.43 からわかるように，1 番目の判別項目としては，「体型をカバーできる服を買う」となった。

さらに「体型をカバーできる服を買う」が Yes の場合には，それが女性である割合がきわめて高いことがわかる。また「体型をカバーできる服を買う」が No の場合でも，「異性の目を気にする」が No の場合には，それが女性である割合が高いことがわかる。

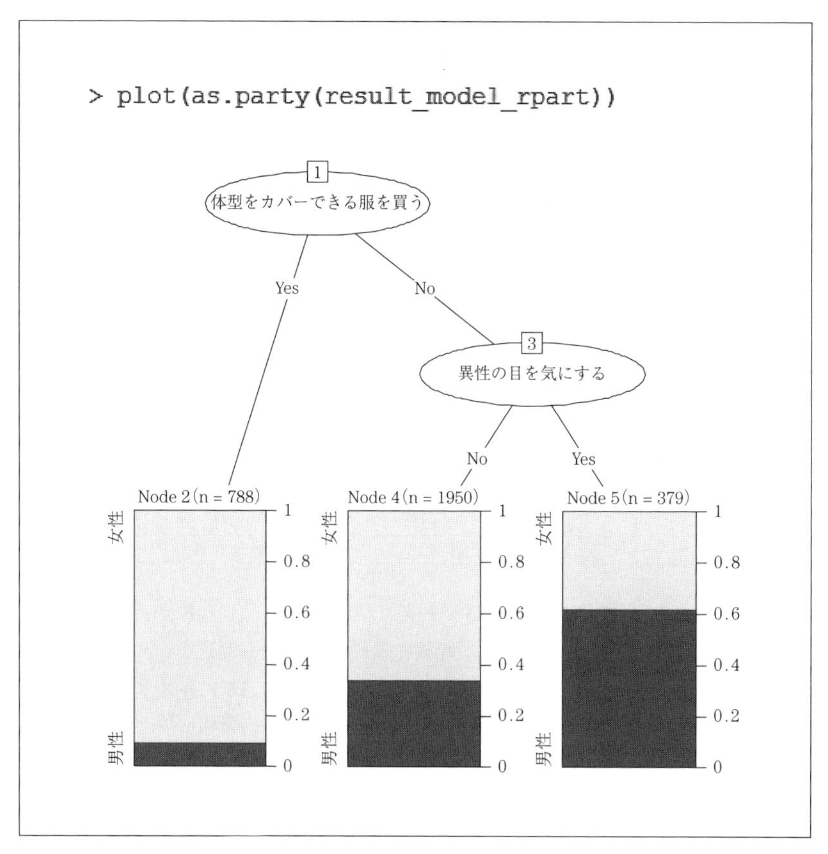

図 **4.43**　決定木分析結果の可視化

演　習　課　題

【4.1】「課題 4.1_ コンジョイント分析データ（住宅）.csv」は，どのような住まいあるいは生活を望んでいるかを，**表 4.13** の因子と水準で，ある地域に住む 20 代から 30 代の 100 人に尋ねた結果である。このアンケートデータから，どのような生活を望んでいると考えられるだろうか。なおこの調査のプロファイルは**表 4.14** であるが，このプロファイルを自分で確認してからコンジョイント分析を行ってみよう。

表 **4.13**　四つの因子と三つの水準

因　子	水　準
賃金負担	「少ない」,「中」,「大きい」
住まい	「賃貸マンション」,「分譲マンション」,「一戸建て」
雰囲気	「庶民的」,「若者向け」,「落ち着きあり」
場所	「駅前」,「住宅街」,「繁華街」

表 **4.14**　住宅に関するプロファイル

プロファイル	資金負担	住まい	雰囲気	場　所
1	中	分譲マンション	庶民的	駅前
2	少ない	賃貸マンション	若者向け	駅前
3	大きい	一戸建て	落ち着きあり	駅前
4	少ない	一戸建て	庶民的	住宅街
5	大きい	分譲マンション	若者向け	住宅街
6	中	賃貸マンション	落ち着きあり	住宅街
7	大きい	賃貸マンション	庶民的	繁華街
8	中	一戸建て	若者向け	繁華街
9	少ない	分譲マンション	落ち着きあり	繁華街

【4.2】「課題 4.2_ 卒業後の希望進路データ（学生）.csv」は，就職が近い大学生に対して行ったアンケートデータである。就職の際に重要視する項目を一つ選んでもらった。数字は人数である。学生のタイプとはこの場合，**表 4.15** に示すように，成績の良し悪しと就職に対する考え方で分類したものである。この学生のタイプと希望進路との関係に特徴が見られるだろうか。

表 **4.15**　学生のタイプとその特徴

タイプ	特　徴
A	成績優秀，目標に向かい勉強していて課外活動には興味がない
B	成績優秀，課外活動にも積極的
C	成績普通，人生を楽しみたい
D	成績普通以下，将来に対して特に考えはない
E	成績不良だが，社会的活動などに積極的
F	成績不良でも，興味あることが多い

【4.3】「課題 4.3_ 決定木データ（健康）.csv」のデータは，糖尿病状況と健康に関して気を付けている事柄について調査したアンケートデータである。このデータを決定木分析することにより，糖尿病患者とそうでない人について，健康に対する生活での取組みの関係を分析しなさい。

5. Web マーケティング

［**ポイント**］ 近年，インターネットの普及に伴い顧客向け電子取引市場が年々拡大し，**EC**（Electronic Commerce）サイトなどでは，多種多様な製品が販売され利用者が増加している。経済産業省の報告によれば，2018年の企業が消費者に対して直接取引をするECサイトの市場規模は18兆円規模と推計され，その内訳は，物販系分野が9.3兆円，サービス系分野が6.6兆円，その他がディジタル系分野となっている(19)。ここで，ECとは，**ICT**（Information and Communication Technology）を用いた商取引のことで，電子的に商品を販売したり購買したりすることをいう。そのため，ECサイト側では利用者に対して広告の配信，**レコメンデーション**などさまざまな取組みが行われている(20)。近年，インターネット広告として**オーディエンスターゲティング**という手法が注目されている(21)。オーディエンスターゲティングとは，複数のサイトの閲覧や購買履歴を用い，顧客ごとに広告の配信を行う手法のことである。それについては，最近は数理的な研究(22)も進んでいる。このようにインターネット広告は，ただ広告を掲載するだけのスペースから，顧客に直接的に広告配信する方法に変わってきている。

また，ソーシャルメディアに取り組む理由として「ブランディング」を挙げる企業も多い。顧客と直接つながることができ，日々のコミュニケーションを通じて「企業としての姿勢」を表現できるソーシャルメディアに，ブランディングツールとして大きな期待が寄せられている。

一方で，ソーシャルメディアでは「マイナス面」も表面に出てしまう。わずかな失敗でも大きな問題になり，従来のブランドイメージを壊し，ブランド・エクイティの低下につながってしまう。そのため，つねに顧客が商品や企業をどのように評価しているのかを注視しておくことが重要である。ソーシャルメディアを通じて「企業の理念」や「日頃の企業の取組み」をどう伝えていくか，また，顧客にどう評価されているのかを考慮して，ブランド・エクイティの構築を考えていく必要がある。

ここで現状のECの概況について説明しておく。ECの範囲は**B to B**（Business to Business），**B to C**（Business to Consumer），さらに**C to C**（Customer to Customer）に及び，時間や空間の制限を受けないことから24時間稼働するグローバルな市場が創出されている。そのため，ECによって商流が大きく変わりつつある。また，インターネットを通じて顧客に直接販売したり，コミュニケーションをとったりするダイレクトマーケティングが盛んになっており，その手法も進化している。このようにECは，流通の三つの機能のうちの「**商流**」と「**情報流**」を大きく変えた。また「**物流**」においても，Amazonのように短時間での配送を実現する企業が優位に立っている。

また，ネットショッピング（ネット通販事業）は顧客にとって多くのメリットがあるものの，店頭での現金購入などと比べると決済や物流などに面倒な点もある。そこで，実店舗とインターネット上の両方で商品を販売するオムニチャネル（オムニは「すべて」という意味）という取組みを強化している企業が増えている。また，ネットはオンラインであり，実店舗はオフラインであることからオンラインからオフラインへ，オフラインからオンラインへ顧客を誘導することを**O2O**（Online to Offline）**戦略**という。全米小売協会（NRF）はシングルチャネル ⇒ マルチチャネル ⇒ クロスチャネルを経てオムニチャネルに進化すると説明している。顧客がチャネルの違いを意識せずに，いつでも，どこでもシームレスに買い物ができる段階が**オムニチャネル**である。

5.1　アンケート調査方法とWeb情報

企業や商品の社会的評判は，ただ気になるものであるばかりでなく，重要な経営情報である。例えば，自社商品の満足度調査を行う場合に用いられるのがアンケート調査である。さまざまな調査方法があるが，調査の媒体には紙やWebなどが用いられる。データの収集方法としては，インタビューや調査員がうかがい後日回収する留置調査法，さらにはメールによる方法などが用いられる。最近ではインターネット上の書込みなども情報源となっている。アンケート調査の実施では，事前に注意しなくてはならないことがある。これを説明する。

5.1.1　目　　　　的

アンケート調査をプロジェクトと考えたとき，つぎのような目的と目標，さらに成果物が必要である。

目　的：成し遂げようとする事柄

目　標：目的を達成するための途中の具体的目印

成果物：目的を達成するための最終具体的目印

例えば，顧客に対する満足度調査を考えたとき，以下のようになる。

目　的：企業あるいは商品の顧客満足度向上

目　標：顧客満足度の実状把握

成果物：顧客満足度向上のための対策案作成

この目的，目標そして成果物が決まればアンケートの調査方法や集計方法さらに分析方法も決まってくる。最近は，比較的低予算で済む調査会社に依頼する Web 調査でも簡易解析ソフトが用いられている。

5.1.2　集　計　方　法

集計の方法には，単純集計やクロス集計などがある。単純集計は，集計が簡単だが全体的な傾向しか把握することができない。それに対してクロス集計は，属性（性別や年齢それに地域など）で傾向を把握することができる。いずれにしても集計結果は表やグラフを用いて可視化することが大切である。

5.1.3　アンケート調査の実施方法

実施方法は 5W2H で考えればよい。

① Why（なぜ）：実態把握，事前情報収集，あるいは企業や商品の評価や評判の収集

② What（何を）：満足度，不満足度

③ When（いつ）：調査時期

④ Where（どこで）：Web，街頭，店頭

⑤ Who（だれが）：企画担当者，分析者

⑥　How（どうやって）：設問，記名方法，集計・分析方法

⑦　How Much（いくら）：調査費用

ここで Web 調査の概況にふれる。近年 Web を利用した調査が従来手法（訪問面接，留置，電話，郵送など）による調査をしのいで急速に普及している。Web 調査の利点は「迅速性」と「経済性」である。従来手法の調査と比べると数分の 1 の費用と期間で，同等の調査データを収集できる[23]。

〈Web 調査の長所〉

・迅速性　　調査結果を早く入手可能（簡単な調査なら 1 日）。
・経済性　　調査費用が安価（訪問面接調査の 5 分の 1〜10 分の 1 程度）。
・柔軟性　　多様な調査が可能（写真や動画も提示できる）。
・大規模　　数千サンプルの大規模調査が容易。
・広域性　　全国調査，海外調査が容易。
・希少性　　希少サンプルや特定顧客層（特定パネル保有）の調査が可能。
・継続性　　同じ対象者に継続した調査が可能。
・データ処理　　回答が電子化されているのでコンピュータ集計・分析が容易。

など

〈Web 調査の問題点〉

最大の問題は調査対象者の代表性である。

・不正回答，代理回答が少なくないといわれる。
・回答率が極端に低い場合もある。
・回答者が特定の層に偏る。
・ネットトラブル（送信ミス，重送信，回線不良など）も少なくない。
・ディジタルデバイド（回答者の技能レベルの大きな差）がある。

など

現在の Web 調査の対象選定法は「**アクティブ調査**（クローズド調査）」と「**パッシブ調査**（オープン調査）」の 2 種類に分けられる。

5.2 ECサイトデータの分析とレコメンデーション

前述でオーディエンスターゲティングを紹介したように，近年のインターネット広告は，広告を掲載するだけのスペースから，顧客に直接的に広告配信する方法に変わってきている。しかしながら，利用者が望まない広告などは逆に利用者に対して不快感を与えてしまう。この原因として考えられるのは，多様化した利用者の利用目的に対し，推奨（レコメンド）が十分行えていないことなどがある。

現在の推奨システムは，利用者の嗜好を推定し推奨を行っている。しかし，ECサイト利用者は購買するだけでなく，購買に関する情報検索などさまざまな行動を取っている。そのため，利用者の満足する広告を配信するためには，行動履歴から利用者の行動パターンを推定して行動パターンに合わせた広告の配信を行う必要がある。例えば，閲覧履歴からパターンマイニングによって購買プロセスを推定することができる。また，現在SNSの投稿内容から投稿者がどのような感情を抱いていたのかを**ナイーブベイズ分類器**などを用いて把握することができる。

5.3 口コミ分析と普及メカニズム

近年，製品市場ではコモディティ化が問題となっており，企業の価格競争は激化している。企業は消費者のニーズをとらえるような新製品の開発に力を入れているが，産業財・消費財ともに新製品の成功率は5割程度ととても低い。その結果として，失敗製品の過剰生産を始めとするさまざまな問題が起きてしまう。一方，新製品販売後早期の段階では，販売データが少なく，その後の売上を予測することが難しい。購買者の中には，「新製品発売時にいち早く購買する人（革新者)」と「新製品の評判などを加味して購買する人（模倣者)」に分かれると考えられる。さらにその傾向は製品ごとにも違いがある。そこで着目されるのが口コミ（くちこみ）である。購入者は，一般に高感度消費者とそれ以外に分けられる。高感度消費者とは，高い情報収集力と情報発信力をもち，他の消費者に大きな影響を及ぼすような消費者である。

例えば，メールや SNS などの交流サイトを通じて口コミを活用するマーケティングは，ウイルスの感染に似ていることから**バイラル・マーケティング**（viral marketing）ともいう。その一つの普及メカニズムとして Bass モデルがある[24]。**Bass モデル**は Rogers の製品普及モデルにおける購買時期より商品購入者を革新者，模倣者に分類し，その特徴から，新製品の普及速度をモデルに表したものである。そのモデル式を以下の式（5.1）に示す。

$$\frac{f(t)}{1-F(t)}=p+qF(t)$$
$$0<p\leqq 1,\ 0\leqq q\leqq 1,\ 0<p+q\leqq 1 \qquad (5.1)$$

ここで

t：時点，

T：$t=0$ に発売された製品が売れた時点までの時間を示す確率変数，

$F(t)$，$f(t)$：確率変数 T の分布関数，密度関数，

p：革新者購入割合，q：模倣者購入割合

古川等[7]によれば，1950 年から 1990 年頃までの集計における代表的な電化製品の p と q は**表 5.1** に示すような値である。

表 5.1　代表的な電化製品の p，q

製　品	p	q
ミキサー	0.000	0.260
エアコン	0.006	0.185
電子レンジ	0.002	0.357
白黒テレビ	0.106	0.235
カラーテレビ	0.059	0.135
CD プレーヤー	0.157	0.000
全体平均	0.030	0.380

また，ファッションブランドの選好度を用いることで，消費者を情報感度別に五つのクラスに分けた研究などもある。情報感度が高い層には目利き力があ

り，新製品の購買者にその層が多いと他の層にも広がりヒットするため，高感度消費者は新製品の売れ行きに大きな影響を与え，企業にとって有用な存在であると主張したものである。

5.4 市場原理の確認とテキストマイニング

わが国において2025年までを視野に入れて内閣府から出された長期戦略方針「イノベーション25」などからもわかるように，国を挙げたイノベーション（技術革新）推進活動がなされている。イノベーションは，これまでとはまったく異なった新しい考え方や仕組みを取り入れ，新たな価値を生み出し，社会的に大きな変化を起こすことである。そして，企業にとってイノベーションを創出することは経営上とても重要な戦略とされ，先発の優位性や，脱コモディティといったさまざまな内外的な動機によって取り組まれている。しかし，企業のイノベーション創出活動は難しく，その市場導入成功率は30％にも満たないのが現状である。

5.4.1 市場原理の確認

なぜ，イノベーションの普及が思うように進まないのだろうか。その阻害要因として，イノベーションの普及におけるキャズム（chasm：溝）の発生[25]が挙げられる。これについて少し考えてみよう。

まず，Rogersの製品普及モデルでは，**図5.1**に示すように，時間（イノベーションの普及）に伴い，市場がイノベーションに積極的な態度を取る顧客（innovators，early adopters）から消極的な態度を取る顧客（early majority，late majority，laggards）へと変化するとしている。

その段階は，つぎのようになっている。

1） イノベーター（innovators：革新的採用者）

2） アーリーアダプター（early adopters：初期採用者）

3） アーリーマジョリティ（early majority：前期追随者）

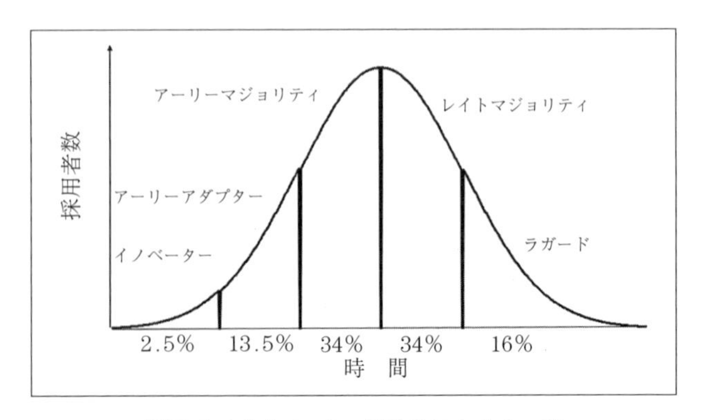

図5.1　イノベーター理論を示すイメージ

4)　レイトマジョリティ（late majority：後期追随者）

5)　ラガード（laggards：採用遅滞者）

この段階において，イノベーターとアーリーアダプターを合わせた16%のラインが商品普及を左右するポイントであると主張するのが**キャズム論理**[(25)]である。キャズム論理では，普及度合いが16%のあたりに，容易に普及が進まない大きな溝があることを指摘している。つまり，アーリーマジョリティが16%を超えるか超えないかがイノベーションが普及するか否かの分かれ目であるということである。

したがって，企業はこのキャズムを超えるためのイノベーション普及戦略などさまざまな施策を行っている。中でも，フォロアー（アーリーマジョリティ以降の顧客）に対する情報発信はキャズムを超えるのに重要であるとされ，企業の広告活動は年々活発になっている。つまり，革新的技術がイノベーションとして成功するのはあくまで市場で受け入れられたときであり，技術はイノベーションの可能性は与えるものの，その可能性を健在化させるのはマーケティングであるといえる。

5.4.2　テキストマイニング

最近では，新聞やインターネットの記事やSNS，メールの自由記述の文章形式のデータを定量的に分析する手法がある。その一つが**テキストマイニング**である。この言葉はよく耳にするようになってきた。これは，アンケートの自由回答や，口コミデータなどのテキスト情報から自然言語処理の技術を使って解析し，マーケティング活動に役立つ情報を抽出することである。テキストマイニングは，マーケティングにおいて有用な道具となる。ここで，R によるテキストマイニングの一例を示す。なお最近では，**KHCoder** のようなテキストマイニング専用のフリーソフトウェアもある。

例 5.1　**表 5.2** に示す「例 5.1_ 店舗コメント .csv」は，ある店舗の来店客の自由記述によるアンケートのコメント文である。手順に従って，コメントから店舗の評価を分析してみよう。

表 5.2　例 5.1_ 店舗コメント .csv

comment
店の内装が素敵だった。また使いたい。
接客態度が悪かった。座席も少ない。もう来たくない。
店内の BGM が良かった。雰囲気が良かった。
座席数が少ない。座席を増やして欲しい。
店内が明るくて，雰囲気が良かった。
コーヒーが美味しかった。
清掃が不十分だった。もう来たくない。
照明がおしゃれで，雰囲気が素敵だった。
軽食が美味しかった。美味しいコーヒーも飲むことができた。
トイレがきれいだった。
店の明かりが明るすぎるのでは。

R によるテキストマイニングを示す。まず，ここでは，形態素解析（もとの文章から単語単位に言葉を切り取る解析）に「**MeCab**」を用いる。「MeCab」は，工藤拓氏によって開発されたオープンソースの形態素解析エンジンである。

図 5.2 に示す手順でテキストマイニングを実行する。

手順 1　「MeCab」のインストール
手順 2　R でパッケージ「RMeCab」をインストールして形態素解析を行う
手順 3　トピック分析のための単語頻度の抽出
手順 4　手順 2 の結果をもとに，lda によりトピック分析を行う

図 5.2　テキストマイニングの実行手順

手順1「MeCab」のインストール　一般のインストーラと同様に，ダウンロードしたexeファイルをダブルクリックする。

http://taku910.github.io/mecab/

から，「mecab-0.996.exe」をダウンロードする。

また，辞書はデフォルトで入っている「IPA」を使うが，コマンドプロンプトで辞書を改めて憶えさせることもできる。

手順2 Rでパッケージ「RMeCab」をインストールして形態素解析を実行

初めて使用する際には，以下のコマンドでパッケージ「RMeCab」をインストールする。

```
>install.packages("RMeCab", repos="http://rmecab.jp/R")
```

ここで，表5.2の「例5.1_店舗コメント.csv」のコメントにどのような言語（情報）が含まれているのかを抜き出す。**図5.3**にインストールのコマンドを含め，パッケージ「RMeCab」のパッケージの呼び出しと，データの読み込みを示す。取り込んだデータは，変数「moji」の中に代入する。

```
> install.packages("RMeCab", repos = "http://rmecab.jp/R")

> library( RMeCab )

> #テキストデータの取り込み
> moji_test <- read.csv("例5.1_店舗コメント.csv",header=T)
> #docDF() 関数は、単語頻度、Ngram頻度などを出力
> moji <- docDF( moji_test, column="comment", type=1 )
number of extracted terms = 47
now making a data frame. wait a while!
```

図5.3　パッケージの呼び出しと，データの読み込み

ここで，docDF関数は，ファイルやデータフレームを対象に，文字ないし単語頻度，Ngram頻度（任意の文字列や文書を連続したn個の文字で分割するテキスト分割方法）などを出力するコマンドである。

つぎに，分析で不要となる助詞を取り除き，R上に「moji」の内容を出力し

```
> #分析のために助詞を取り除く
> search_word <- c("名詞","形容詞","動詞")


> moji <- subset(moji, moji$POS1 %in% search_word)
> moji

       TERM   POS1         POS2 Row1 Row2 Row3 Row4 Row5 Row6 Row7 Row8 Row9 Row10 Row11
1       BGM   名詞         一般    0    0    1    0    0    0    0    0    0     0     0
4  おしゃれ   名詞 形容動詞語幹    0    0    0    0    0    0    0    1    0     0     0
6    きれい   名詞 形容動詞語幹    0    0    0    0    0    0    0    0    0     1     0
7      こと   名詞       非自立    0    0    0    0    0    0    0    0    1     0     0
8    すぎる   動詞       非自立    0    0    0    0    0    0    0    0    0     0     1
13   できる   動詞         自立    0    0    0    0    0    0    0    0    1     0     0
16       の   名詞       非自立    0    0    0    0    0    0    0    0    0     0     1
22 コーヒー   名詞         一般    0    0    0    0    0    1    0    0    1     0     0
23   トイレ   名詞         一般    0    0    0    0    0    0    0    0    0     1     0
24     悪い 形容詞         自立    0    1    0    0    0    0    0    0    0     0     0
25     飲む   動詞         自立    0    0    0    0    0    0    0    0    1     0     0
26     軽食   名詞     サ変接続    0    0    0    0    0    0    0    0    1     0     0
27     座席   名詞         一般    0    1    0    2    0    0    0    0    0     0     0
28     使う   動詞         自立    1    0    0    0    0    0    0    0    0     0     0
29   少ない 形容詞         自立    0    1    0    1    0    0    0    0    0     0     0
30     照明   名詞     サ変接続    0    0    0    0    0    0    0    1    0     0     0
31       数   名詞         接尾    0    0    0    1    0    0    0    0    0     0     0
32     清掃   名詞     サ変接続    0    0    0    0    0    0    1    0    0     0     0
33     接客   名詞     サ変接続    0    1    0    0    0    0    0    0    0     0     0
34     素敵   名詞 形容動詞語幹    1    0    0    0    0    0    0    1    0     0     0
35   増やす   動詞         自立    0    0    0    1    0    0    0    0    0     0     0
```

図 5.4 docDF 関数で抽出した内容

たものが**図 5.4** である。

結果を Excel 上で確認するために

>write.csv(moji, file="moji.csv")

により「R 作業用フォルダ」に CSV ファイルに出力した。それを示したのが**図 5.5** である。

手順 3 トピック分析のための単語頻度の抽出　図 5.4 または図 5.5 から，コメントにどのような名詞や動詞などの品詞があるのかがわかる。つぎに，トピック分析を行う。**トピック分析**とは，文章データの中で同じような意味をもつ単語をグルーピングすることで，文章中の情報量を凝縮して，トピック（topic：話題，主題，要点）を抽出するための分析である。

トピック分析を行うためには，読み込んだ情報の中の各コメントと出現する単語の頻度がどのような関係にあるのかを調べる必要がある。各コメントに現れる各単語の頻度を，変数「doc」にまとめたものを**図 5.6** に示す。

	TERM	POS 1	POS 2	Row 1	Row 2	Row 3	Row 4	Row 5	Row 6	Row 7	Row 8	Row 9	Row 10	Row 11
1	BGM	名詞	一般	0	0	1	0	0	0	0	0	0	0	0
4	おしゃれ	名詞	形容動詞語	0	0	0	0	0	0	0	1	0	0	0
6	きれい	名詞	形容動詞語	0	0	0	0	0	0	0	0	0	1	0
7	こと	名詞	非自立	0	0	0	0	0	0	0	0	1	0	0
8	すぎる	動詞	非自立	0	0	0	0	0	0	0	0	0	0	1
13	できる	動詞	自立	0	0	0	0	0	0	0	0	1	0	0
16	の	名詞	非自立	0	0	0	0	0	0	0	0	0	0	1
22	コーヒー	名詞	一般	0	0	0	0	0	1	0	0	1	0	0
23	トイレ	名詞	一般	0	0	0	0	0	0	0	0	0	1	0
24	悪い	形容詞	自立	0	1	0	0	0	0	0	0	0	0	0
25	飲む	動詞	自立	0	0	0	0	0	0	0	0	1	0	0
26	軽食	名詞	サ変接続	0	0	0	0	0	0	0	0	1	0	0
27	座席	名詞	一般	0	1	0	2	0	0	0	0	0	0	0
28	使う	動詞	自立	1	0	0	0	0	0	0	0	0	0	0
29	少ない	形容詞	自立	0	1	0	1	0	0	0	0	0	0	0
30	照明	名詞	サ変接続	0	0	0	0	0	0	0	1	0	0	0
31	数	名詞	接尾	0	0	0	1	0	0	0	0	0	0	0
32	清掃	名詞	サ変接続	0	0	0	0	0	0	1	0	0	0	0
33	接客	名詞	サ変接続	0	1	0	0	0	0	0	0	0	0	0
34	素敵	名詞	形容動詞語	1	0	0	0	0	0	0	1	0	0	0
35	増やす	動詞	自立	0	0	0	1	0	0	0	0	0	0	0
36	態度	名詞	一般	0	1	0	0	0	0	0	0	0	0	0
37	店	名詞	一般	1	0	0	0	0	0	0	0	0	0	1
38	店内	名詞	一般	0	0	1	0	1	0	0	0	0	0	0
39	内装	名詞	一般	1	0	0	0	0	0	0	0	0	0	0
40	美味しい	形容詞	自立	0	0	0	0	0	1	0	0	2	0	0
41	不十分	名詞	形容動詞語	0	0	0	0	0	0	1	0	0	0	0
42	雰囲気	名詞	一般	0	0	1	0	1	0	0	1	0	0	0
43	明かり	名詞	一般	0	0	0	0	0	0	0	0	0	0	1
44	明るい	形容詞	自立	0	0	0	0	1	0	0	0	0	0	1
45	欲しい	形容詞	非自立	0	0	0	1	0	0	0	0	0	0	0
46	来る	動詞	自立	0	1	0	0	0	0	1	0	0	0	0
47	良い	形容詞	自立	0	0	2	0	1	0	0	0	0	0	0

図 5.5　CSV ファイルに出力した docDF 関数の結果

出現する単語のリストを変数「vcab」に代入したものを**図 5.7** に示す。

手順 4　手順 2 の結果をもとに，lda によりトピック分析を行う　　トピック分析を行うためのパッケージ「lda」のインストールを**図 5.8** に示す。なお，図 5.8 においては，トピック数（変数「k」）は四つまでと制限している。さらに，抽出された各トピック（似たような意味のグループ）の上位 4 番までの要素（言語）を表示したものが**図 5.9** である。各列がトピックを表しており，各行が各トピックに含まれる単語を表している。なお，抽出結果は実行の度に異なるため，図 5.9 とまったく同じ結果になる必要はない。

例えば，図 5.9 の 1 番目のトピックに注目すると，「雰囲気」という言葉に対して「良い」や「素敵」が関連しており，好意的なコメントのグループのようである。一方，3 番目のトピックに注目すると，「座席」という言葉に対して「少ない」や「悪い」が関連しており，批判的なコメントのグループのよう

```
> #mojiの4列～14列(11個のコメント)を順に確認し，各単語の出現頻度データを作成
> doc <- list()  # docをリストとする
> for (i in c( 4:ncol(moji) )) {     # iに4(列)から最終(列)を順に代入
+  d <- moji[,i]                  # dにi番目の列を代入
+ # as.integer()で整数に変換し，リストの中に格納していく
+  doc[[i-3]] <- rbind(  as.integer ((1:length(d))[d>0] -1 ) , as.integer (d[d>0] ) )
+ }

> doc
[[1]]
     [,1] [,2] [,3] [,4]
[1,]   13   19   22   24
[2,]    1    1    1    1

[[2]]
     [,1] [,2] [,3] [,4] [,5] [,6]
[1,]    9   12   14   18   21   31
[2,]    1    1    1    1    1    1

[[3]]
     [,1] [,2] [,3] [,4]
[1,]    0   23   27   32
[2,]    1    1    1    2

[[4]]
     [,1] [,2] [,3] [,4] [,5]
[1,]   12   14   16   20   30
[2,]    2    1    1    1    1

[[5]]
     [,1] [,2] [,3] [,4]
[1,]   23   27   29   32
[2,]    1    1    1    1
```

図 5.6　コメントごとの単語の数

```
> #単語のリストも用意
> vcab <- moji[,1]

> vcab
 [1] "BGM"        "おしゃれ" "きれい"    "こと"       "すぎる"     "できる"
 [7] "の"         "コーヒー" "トイレ"    "悪い"       "飲む"       "軽食"
[13] "座席"       "使う"     "少ない"    "照明"       "数"         "清掃"
[19] "接客"       "素敵"     "増やす"    "態度"       "店"         "店内"
[25] "内装"       "美味しい" "不十分"    "雰囲気"     "明かり"     "明るい"
[31] "欲しい"     "来る"     "良い"
```

図 5.7　抽出された単語

である。

では，元データである表5.2のコメント文と各トピックは，どのような関係になっているだろうか。それを求めたものが**図 5.10**である。なお，この例では，1～3番目のコメント文が各トピックに含まれる割合を求めている。各

```
> install.packages("lda") #初回のみインストール

> library( lda )

> # kはトピックの数(任意の値)
> k <- 4
> lda_result <- lda.collapsed.gibbs.sampler(doc, k, vcab,
+ #繰り返し数，ディリクレ過程のハイパーパラメータ(α, η)の設定
+ 10000,  0.001, 0.001  )


> #分析結果
> summary(lda_result)
               Length Class  Mode
assignments     11    -none- list
topics         132    -none- numeric
topic_sums       4    -none- numeric
document_sums   44    -none- numeric
<NA>             0    -none- NULL
<NA>             0    -none- NULL
<NA>             0    -none- NULL
<NA>             0    -none- NULL
<NA>             0    -none- NULL
<NA>             0    -none- NULL
```

図 5.8　パッケージ「lda」のインストールと実行例

```
> #4つの各トピックの中で，上位4つの要素を表示
> top.words <- top.topic.words(lda_result$topics, 4, by.score=TRUE)
> top.words
     [,1]      [,2]       [,3]     [,4]
[1,] "雰囲気" "美味しい" "座席"    "きれい"
[2,] "良い"   "コーヒー" "少ない" "トイレ"
[3,] "素敵"   "こと"     "来る"    "BGM"
[4,] "店"     "できる"   "悪い"    "おしゃれ"
```

図 5.9　抽出されたトピックと含まれる単語（上位4番までの要素を表示）

行がコメント文を表している。

図5.10によれば，1番目と3番目のコメント文は，1番目のトピック（雰囲気，良いなど）に100％の確率で分類された。また2番目のコメントは，3番目のトピック（座席，少ないなど）で占められていることを示している。

```
> # 始めの3つのコメントに対して，各トピックに分類される割合を抽出
> N <- 3
> topic.proportions <- t(lda_result$document_sums) /
+ colSums(lda_result$document_sums)
> topic.proportions <- topic.proportions[1:N, ]
> topic.proportions[is.na(topic.proportions)] <-  1 / k
> topic.proportions
     [,1] [,2] [,3] [,4]
[1,]    1    0    0    0
[2,]    0    0    1    0
[3,]    1    0    0    0
```

図 5.10　1〜3 番目のコメントが各トピックに含まれる割合

【例題 5.1】

レシートには購買の傾向が表れる。一度の買い物で，どのような商品が同時に購入されるのかがわかれば，店舗における品ぞろえの貴重な情報となる。**表 5.3** の「例題 5.1_ レシートデータ（休日商品名）.csv」は，あるスーパーの休日のレシートを抜き出したものである。休日のこの時間帯の売れ筋商品の特徴を分析してみよう。

表 5.3　例題 5.1_ レシートデータ（休日商品名）.csv

商品名				
タバコ B	おいしい焼売	…	グミパック	スナック菓子 C
肉じゃが弁当	肉じゃが	…		
ミックスキャベツ	たまご（L）	…	ポテトサラダ	食パン
たまご（L）	若鶏　モモ肉	…	若鶏　ムネ肉	マヨネーズ（低脂肪）
納豆（極小粒）	長ねぎ	…	牛乳（低脂肪）	たまご（M）
ティッシュ	バナナ	…	フライドチキン	本格派カップ麺
肉じゃが弁当	クリームパン	…	本格派カップ麺	おいしい緑茶
牛乳（無調整）	カップ麺 A（塩）	…	もやし	ロース薄切り（国内豚）
たまご（M）	ちくわぶ	…	若鶏　モモ肉	若鶏　ムネ肉
ミックスキャベツ	中粒納豆（国産）	…	春菊	ウィンナー

［**解答例**］

(1)　トピック分析の実行　テキストマイニングの最大のポイントは，いかに適切に分析対象となる言葉を抽出できるかであり，その抽出が実行できる

と検索や分析が可能となる。レシートデータに記載されている内容は，商品名と購買金額である。購買金額は地域の所得水準を表し，店舗の支持を示している。その特徴を見るためにトピック分析は適切な分析の一つである。

表5.3に示すデータは，各行がレシートを表している。まず，各レシートに記載されている商品が何であるのかを読み取るために，docDF関数を用いて単語を抽出した内容が，**図5.11**である。なお，前述の例5.1のデータにおける各コメントが例題5.1での各レシートに対応し，各単語が各商品に対応していると考えるとよい。

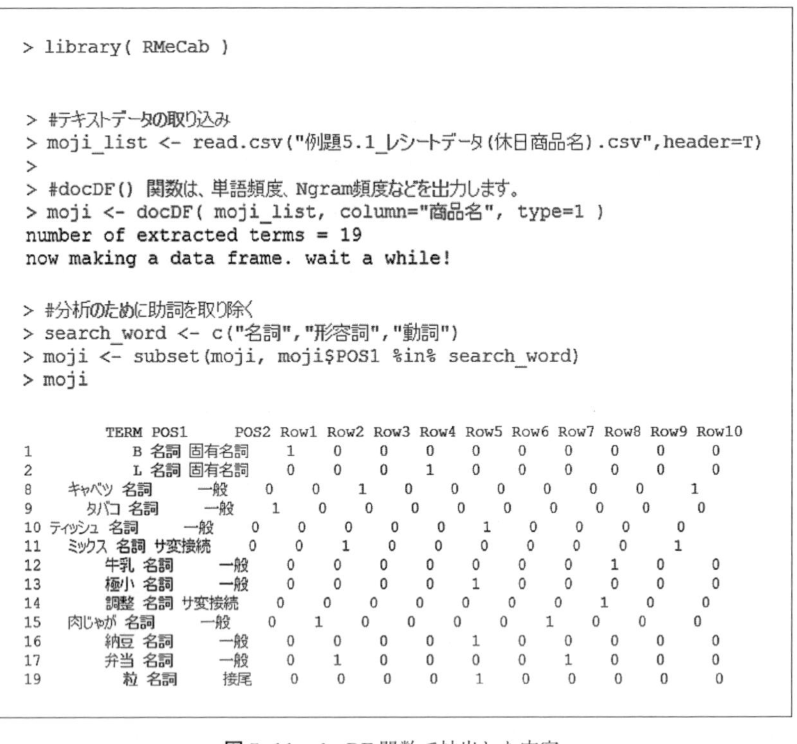

```
> library( RMeCab )

> #テキストデータの取り込み
> moji_list <- read.csv("例題5.1_レシートデータ(休日商品名).csv",header=T)
>
> #docDF() 関数は、単語頻度、Ngram頻度などを出力します。
> moji <- docDF( moji_list, column="商品名", type=1 )
number of extracted terms = 19
now making a data frame. wait a while!

> #分析のために助詞を取り除く
> search_word <- c("名詞","形容詞","動詞")
> moji <- subset(moji, moji$POS1 %in% search_word)
> moji

        TERM POS1     POS2 Row1 Row2 Row3 Row4 Row5 Row6 Row7 Row8 Row9 Row10
1          B 名詞 固有名詞    1    0    0    0    0    0    0    0    0     0
2          L 名詞 固有名詞    0    0    0    1    0    0    0    0    0     0
8   キャベツ 名詞     一般    0    0    1    0    0    0    0    0    0     1
9     タバコ 名詞     一般    1    0    0    0    0    0    0    0    0     0
10 ティッシュ 名詞    一般    0    0    0    0    0    1    0    0    0     0
11  ミックス 名詞 サ変接続    0    0    1    0    0    0    0    0    0     1
12      牛乳 名詞     一般    0    0    0    0    0    0    0    1    0     0
13      極小 名詞     一般    0    0    0    0    1    0    0    0    0     0
14      調整 名詞 サ変接続    0    0    0    0    0    0    0    1    0     0
15  肉じゃが 名詞     一般    0    1    0    0    0    0    1    0    0     0
16      納豆 名詞     一般    0    0    0    0    1    0    0    0    0     0
17      弁当 名詞     一般    0    1    0    0    0    0    1    0    0     0
19        粒 名詞     接尾    0    0    0    0    1    0    0    0    0     0
```

図5.11　docDF関数で抽出した内容

トピック分析を行うためには，読み込んだ情報の中の各コメントと出現する単語の頻度がどのような関係にあるのかを調べる必要がある。例5.1と同様に行った。それが**図 5.12** である。各コメントに現れる各単語の頻度を変数「doc」にまとめ，さらに出現する単語のリストを変数「vcab」に代入し，トピック分析を実行したものが図 5.12 である。

```
> ##########################
> #トピック分析のために、単語の頻度データを作成する
> doc <- list()
> for (i in c( 4:ncol( moji ) ) ) {
+  d <- moji[, i]
+  doc[[ i -  3]] <- rbind(as.integer((1:length(d))[d>0]-1),as.integer(d[d>0]))
+ }
> #単語のリストも用意する
> vcab <- moji[,1]
> # doc   (出力省略)
> # vcab  (出力省略)
>
> library( lda )
>
> # kは分類する数
> k <- 5
> lda_result <- lda.collapsed.gibbs.sampler(doc, k, vcab, 10000, 0.001, 0.001)
>
> #分析結果
> # summary(lda_result)  (出力省略)
> #####################
```

図 5.12 レシートの単語の抽出と数

つぎに，出現が多いものでトピックを特徴づけたのが**図 5.13** である。この場合は三つの要素でまとめてある。なお，前述にもあるように，抽出結果は実行のたびに異なるため，図 5.13 とまったく同じ結果になる必要はない。

```
> #各トピックの上位3つの要素を表示
> top.words <- top.topic.words(lda_result$topics, 3, by.score=TRUE)
> top.words
     [,1]          [,2]      [,3]       [,4]       [,5]
[1,] "ティッシュ" "B"       "キャベツ" "肉じゃが" "L"
[2,] "極小"       "タバコ"  "ミックス" "弁当"     "牛乳"
[3,] "納豆"       "L"       "B"        "B"        "調整"
```

図 5.13 抽出されたトピックと含まれる単語（上位 3 番までの表示）

さらに，1～4番目のレシートについて，各トピックに含まれる割合を示したのが**図5.14**である。例えば，1番目のレシートはトピック4に含まれ，2番目のレシートはトピック2に含まれる，といったことが確認できる。

```
> # 始めの4つのレシートについて、トピックに分類される割合を抽出してみる
> N <- 4
> topic.proportions <-
+ t(lda_result$document_sums) / colSums(lda_result$document_sums)
> topic.proportions <- topic.proportions[1:N, ]
> topic.proportions[is.na(topic.proportions)] <-  1 / k
> topic.proportions
     [,1] [,2] [,3] [,4] [,5]
[1,]    0    1    0    0    0
[2,]    0    0    0    1    0
[3,]    0    0    1    0    0
[4,]    0    0    0    0    1
```

図5.14　1～4番目のレシートが各トピックに含まれる割合

図5.14の割合を図示するためデータを作成するコマンドが**図5.15**であり，結果を図示したのが**図5.16**である。

```
> # 上位3番までのトップワードを用いて列名をつけて，トピックに意味付けを行う
> colnames(topic.proportions) <- apply(top.words, 2, paste, collapse=" ")
> par(mar=c(4, 10, 2, 2))     #図の下，左，上，右の余白を設定
> labels <- paste('レシート',c(1:4))     #始めの4つのレシートについて
> barplot(topic.proportions, beside=TRUE, horiz=TRUE, las=1,
+ xlab="proportion", legend = labels ,
+ args.legend = list( y = 15)  #ラベルの位置を調整
+ )
> mtext("割 合", side = 1, line = 2, at=NA)
```

図5.15　可視化のデータ作成

(2)　考　察　　可視化された図5.16より，各レシートがどのトピックにどのくらいの割合で含まれるかを確認できる。例えばレシート1は，「B」，「タバコ」，「L」を要素としてもつトピックに100％の割合で含まれることを示している。またレシート2は，「肉じゃが」，「弁当」といった要素で特徴づけることができる。上記の例では，複数のトピックに含まれるレシートは存在しなかったが，レシートの数（データの数）が増えてくると，より複雑な結果となる。

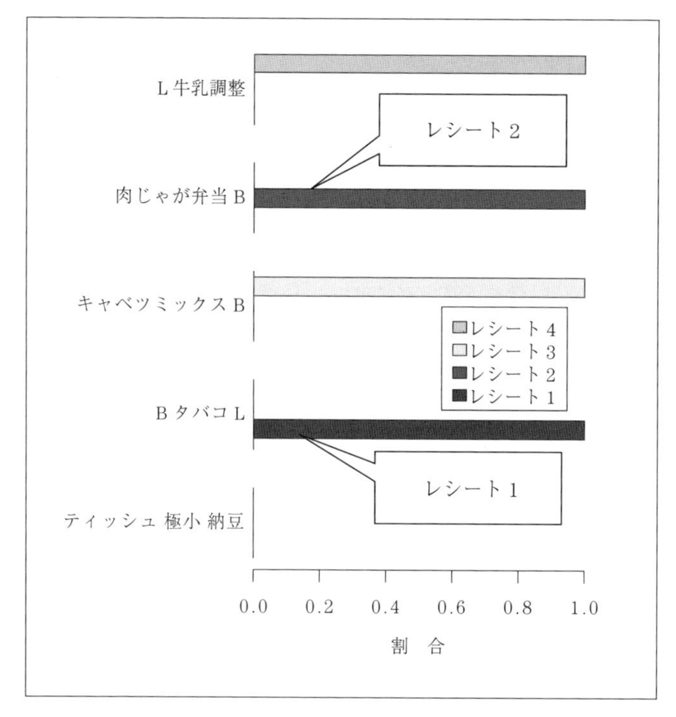

図 5.16　各トピックとレシートの関係の可視化

演　習　課　題

【5.1】 郊外にあるレストランでアンケートを実施した。そのアンケートデータの中の自由意見の部分だけを取り上げたものが，「課題 5.1_ 店舗コメント .csv」である。記述されている内容から，好評なのか，不評なのかなどを分析したい。そのためにトピック分析を行ってみよう。

引用・参考文献

（1） フィリップ・コトラー，ゲイリー・アームストロング著，和田充夫監訳：マーケティング原理（第9版），ダイヤモンド社（2007）

（2） http://blog.office-win.com/ama-marketing-definition（2015/4/13）

（3） R Core Team：R：A language and environment for statistical computing. R Foundation for Statistical Computing, Vienna, Austria.
R のダウンロード URL：https://cran.r-project.org（2018）

（4） 金　明哲：Rによるデータサイエンス（第1版），森北出版（2010）

（5） 横山真一郎，関　哲朗，横山真弘：基礎と実践　数理統計学入門（改訂版），コロナ社（2016）

（6） 藤目節夫：確率的商圏設定モデルの構造に関する研究，地理学評論，**54**，1，pp.22−33（1981）

（7） 古川一郎，守口　剛，阿部　誠：マーケティング・サイエンス入門（新版），有斐閣（2015）

（8） フィリップ・コトラー著，恩藏直人監修，月谷真樹訳：コトラーのマーケティング・マネジメント（第12版），ピアソン・エデュケーション（2007）

（9） フィリップ・コトラー，ケビン・レーン・ケラー著，恩藏直人監修，月谷真紀訳：コトラー＆ケラーのマーケティング・マネジメント基本編（第3版），ピアソン・エデュケーション（2009）

（10） 田中　豊，脇本和昌：多変量統計解析法（初版），現代数学社（1988）

（11） 朝野熙彦：入門多変量解析の実際（第2版），講談社サイエンティフィク（2000）

（12） 山本祐子，圓川隆夫：顧客満足度とロイヤリティの構造に関する研究，日本経営工学会論文誌，**51**，2，pp.143−152（2000）

（13） 豊田秀樹編：共分散構造分析［事例編］（初版），北大路書房（2001）

（14） 和田充夫，恩藏直人，三浦俊彦：マーケティング戦略（第5版），有斐閣（2018）

（15） 産業能率大学総合研究所：マーケティング・ストラテジー（初版），産業能率大学（2017）

（16） 鷲尾泰俊：実験計画法入門，日本規格協会（1990）

（17） D. A. Aaker：Managing Brand Equity, The Free Press（1991）

（18） ニール・マーティン著，花塚　恵訳：「習慣で買う」のつくり方（初版），海と月社（2011）

(19) 経済産業省：平成30年度我が国におけるデータ駆動型社会に係る整備基盤（電子商取引に関する市場調査）URL：https://www.meti.go.jp/policy/it_policy/statistics/outlook/H30_hokokusho_new.pdf（2019.5）
(20) 久松俊道，外川隆司，朝日弓未，生田目　崇：ECサイトにおける購買予兆発見モデルの提案，オペレーションズ・リサーチ：経営の科学，**58**，2，pp.93-100（2013）
(21) 柴田一樹，和泉　潔，磯崎直樹，吉村　忍：閲覧行動タイプに基づいたウェブ広告配信シミュレーションモデル，電気学会論文誌C，電子・情報システム部門誌，**133**，9，pp.1762-1769（2013）
(22) W. W. Moe and P. S. Fader：Dynamic Conversion Behavior at E-Commerce Sites, Management Science，**50**，3，pp.326-335（2004）
(23) 本多正久，牛澤賢二：マーケティング調査入門――情報の収集と分析――（初版），培風館（2007）
(24) 山田昌孝：新製品普及モデル，オペレーションズ・リサーチ，日本オペレーションズ・リサーチ学会，**39**，4，pp.189-195（1994）
(25) ジェフリー・ムーア著，川又政治訳：キャズム Ver.2（改訂版），翔泳社（2014）

索　　引

——著 者 略 歴——

横山　真一郎（よこやま　しんいちろう）

1982年　東京工業大学大学院理工学研究科博士課程修了（経営工学専攻），工学博士
1982年　武蔵工業大学助手
1985年　米国ロチェスター大学客員研究員
～86年
1996年　武蔵工業大学教授
2009年　東京都市大学教授（校名変更）
～18年
2009年　プロジェクトマネジメント学会会長
～10年
2018年　神奈川大学客員教授
2018年　インド，ブレインウェア大学教授
2018年　Business&Education Labo株式会社代表取締役
　　　　現在に至る
2019年　日本品質管理学会認定JSQCフェロー

大神田　博（おおかんだ　ひろし）

1976年　武蔵工業大学工学部経営工学科卒業
1976年　株式会社西友勤務
1999年　産業能率大学兼任教員
　　　　現在に至る
2004年　株式会社インテージ勤務
～11年
2011年　株式会社太洋社取締役
～15年
2016年　文京学院大学非常勤講師
～20年

横山　真弘（よこやま　まさひろ）

2014年　電気通信大学大学院情報システム学研究科博士後期課程修了（社会知能情報学専攻），博士（工学）
2014年　中央大学助教
2015年　職業能力開発総合大学校助教
2020年　千葉商科大学専任講師
　　　　現在に至る

実データで体験する
ビッグデータ活用マーケティング・サイエンス
―はじめてでもわかる「R」によるデータ分析―
Marketing Data Science Learning with Real Data
―Data Analysis with "R" for Beginners―

2020年6月30日　初版第1刷発行　★

検印省略

著　者　横　山　真一郎
　　　　大神田　博
　　　　横　山　真　弘
発行者　株式会社　コロナ社
　　　　代表者　牛来真也
印刷所　壮光舎印刷株式会社
製本所　株式会社　グリーン

112-0011　東京都文京区千石 4-46-10
発行所　株式会社　**コロナ社**
CORONA PUBLISHING CO., LTD.
Tokyo Japan
振替00140-8-14844・電話(03)3941-3131(代)
ホームページ　https://www.coronasha.co.jp

ISBN 978-4-339-02908-6　C3055　Printed in Japan　（齋藤）